Zahlenzauber 3

Mathematikbuch
für die Grundschule

Erarbeitet von
Bettina Betz, Ruth Dolenc-Petz,
Hedwig Gasteiger, Helga Gehrke,
Petra Ihn-Huber, Ursula Kobr, Gerti Kraft,
Christine Kullen, Elisabeth Plankl,
Beatrix Pütz, Karl-Wilhelm Schweden

Illustriert von
Mathias Hütter
Kristina Klotz

Oldenbourg

Inhaltsverzeichnis

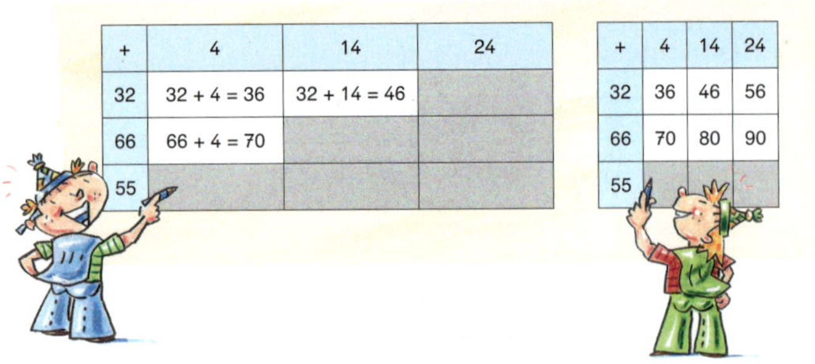

+	4	14	24
32	32 + 4 = 36	32 + 14 = 46	
66	66 + 4 = 70		
55			

+	4	14	24
32	36	46	56
66	70	80	90
55			

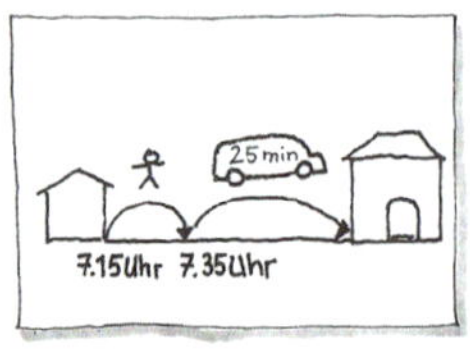

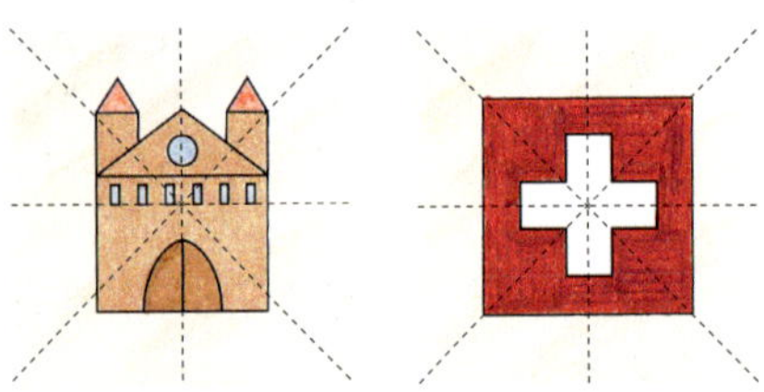

265 + 124
H Z E
2 6 5
+1 2 4
3 8 9

H Z E
3 7 6
-1 4 5
2 3 1
376 − 145

43

München Hbf →
Berlin Hbf
Ab Zug An
7.20 ICE 13.10
7.43 ICE 14.13
8.20 ICE 14.13
9.21 ICE 15.10
9.45 ICE 16.13
10.20 ICE 16.13
11.20 ICE 16.21
12.25 ICE 17.10
12.55 ICE 18.11
ICE

Ferienerinnerungen

Würfelspiel für 2–4 Mitspieler:

Würfle und rücke vor. Landest du auf einer Aufgabe, löse sie und rücke auf das entsprechende Ergebnisfeld. Du kannst auch mit zwei Würfeln spielen.

Michael erzählt:
Ich war im Zeltlager. Wir waren insgesamt 28 Kinder. 15 davon waren Mädchen.
Wie viele Jungen waren im Zeltlager?

Katharina erzählt:
Beim Bogenschießen war ich die Beste. Ich traf einmal 50 Punkte, einmal 30 Punkte und einmal 15 Punkte.
Wie viele Punkte waren das insgesamt?

Valentin berichtet:
Wir haben eine 3-tägige Radtour gemacht. Am ersten Tag sind wir 30 km gefahren. Am zweiten Tag 30 km und am dritten Tag 28 km.
Wie viele km waren das insgesamt?

Ayse berichtet:
Wir waren jeden Tag am Meer. Am S
gab es 6 Reihen mit je 6 Sonnenschi
Zu jedem Schirm gehörten 2 Liegest
Wie viele Liegestühle gab es am Str

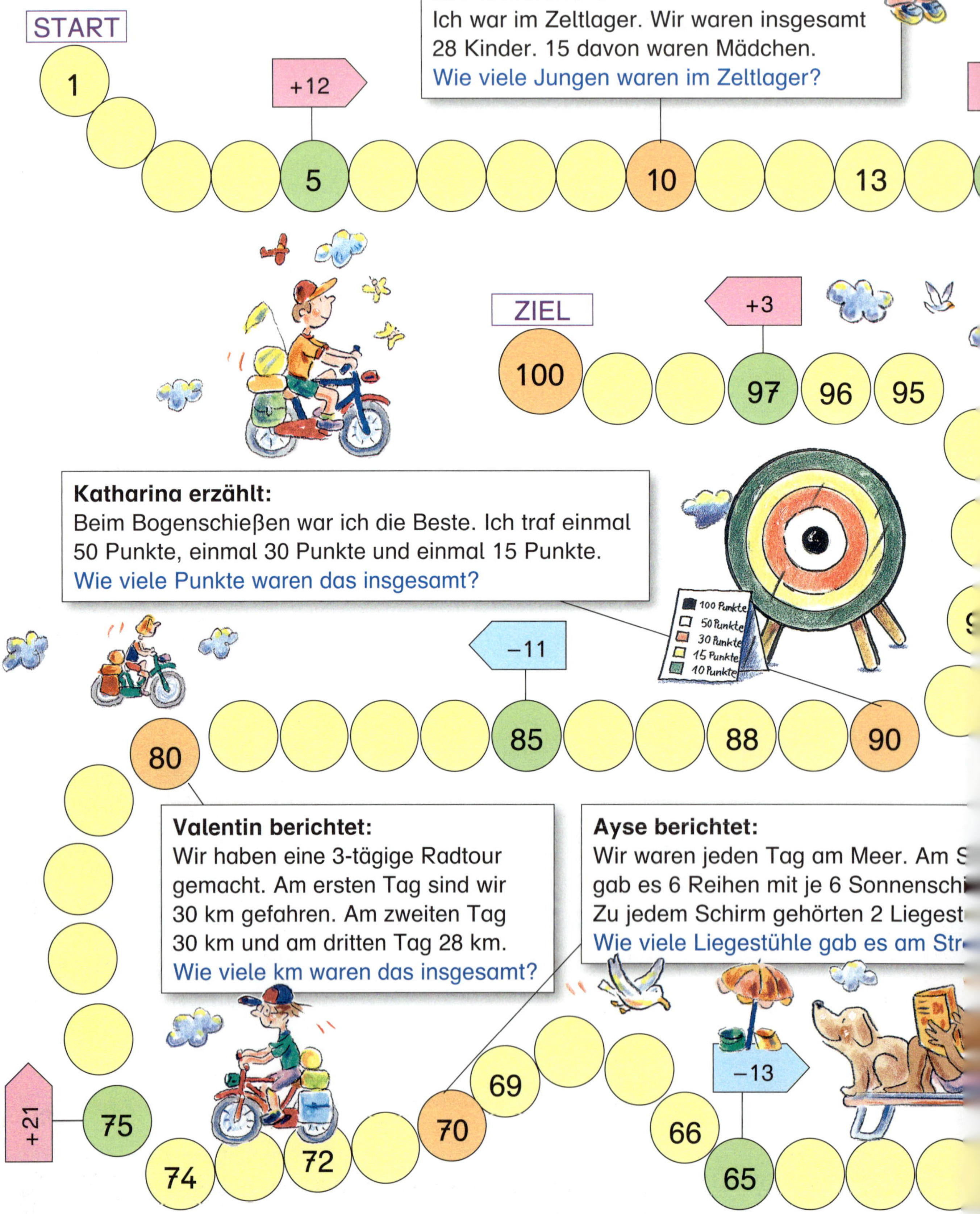

Anna fragt:
Wir hatten 6 Wochen Ferien.
Wisst ihr, wie viele Tage das waren?

−6

17 19 20 24 25 27 30

Sophie erinnert sich:
Wir sind mit dem Hort in den Zoo gegangen. Wir waren 9 Kinder. Jedes Kind musste 3 € bezahlen.
Was kostete der Eintritt für alle Kinder?

+8

35 38

Amelie erzählt:
An unserem Strand waren so schöne Steine. 88 Steine habe ich gesammelt. Die Hälfte davon habe ich mit nach Hause genommen.
Wie viele Steine habe ich mitgebracht?

n sagt:
nserem Bauernhof gab es
Hund, 2 Katzen, 2 Pferde, 8
eine, 20 Hühner und 25 Kühe.
iele Tiere sind das?

40 42 43 44 45 50 52

−7

5 58 60

Denke dir neue Spielregeln und Aufgabenkarten aus.

Franz:
Ich war an 11 Tagen im Freibad, jeweils für 6 Stunden.
Wie viele Stunden waren das insgesamt?

① Versteckte Zahlen

1	2	3		5	6	7		9	10
11		13		15			18		20
21			24						30
31									40
41									50
						57		59	
									70
71									80
81									90
91							99		

a) Wie heißen die Zahlen unter den Spielfiguren? Schreibe sie auf.

b) Stelle weitere Spielfigure auf die Hundertertafel. Dein Partner nennt die verdeckten Zahlen.

c) Nenne eine 2-stellige Za Dein Partner zeigt sie au der Hundertertafel.

d) Figuren abräumen:
Stellt Spielfiguren auf die Hundertertafel.
Würfelt mit 2 Zehnerwürfeln (0–9).
Bildet aus den Würfelergebnissen Zahlen:  : 72, 27

Steht auf deiner Zahl eine Figur, darfst du sie nehmen. Wer die meisten Spielfiguren hat, ist Sieger.

② Ausschnitte aus der Hundertertafel: Zeichne ins Heft und ergänze.

a) 74 15 76
b) 77
c) 36
d) 10
e) 44
f) 34
g) 45
h) 75

Denke dir selbst Figuren aus. Zeichne sie in dein Heft.

3 Wandern auf der Hundertertafel:
Verschiebe die Spielfiguren von **1** nach Vorschrift und rechne.

a)

+ 1	− 1	+ 10	− 10
16 + 1 = ☐	4 − 1 = ☐	8 + 10 = ☐	38 − 10 = ☐
44 + 1 = ☐	27 − 1 = ☐	23 + 10 = ☐	60 − 10 = ☐
…	…	…	…

Wie wurden die Figuren jeweils verschoben? Erkläre.

b)

+ 3	− 4	+ 30	− 20
16 + 3 = ☐	4 − 4 = ☐	8 + 30 = ☐	38 − 20 = ☐
44 + 3 = ☐	27 − 4 = ☐	23 + 30 = ☐	60 − 20 = ☐
…	…	…	…

Wie wurden die Figuren jetzt verschoben?
Erkläre.

Erinnerst du dich?

4 Rechne. Welche Stellen verändern sich?

a)	b)	c)	d)
24 + 40	42 + 50	89 − 60	78 − 50
24 + 4	42 + 5	89 − 6	78 − 7
24 + 44	42 + 55	89 − 66	78 − 57
36 + 20	64 + 30	95 − 40	67 − 30
36 + 2	64 + 3	95 − 4	67 − 3
36 + 22	64 + 33	95 − 44	67 − 33
53 + 30	75 + 20	76 − 60	100 − 80
53 + 3	75 + 2	76 − 6	100 − 8
53 + 33	75 + 22	76 − 66	100 − 88

5 Wandern im Kopf: Zahlenrätsel.

a) Meine Figur steht auf der Zahl 73.
Ich schiebe sie 3 Felder nach rechts und 1 Reihe nach oben.
Wo steht sie jetzt?

b) Meine Figur steht auf der Zahl 44.
Ich schiebe sie 2 Felder nach links und 4 Reihen nach unten.
Wo steht sie jetzt?

c) Meine Figur steht auf der Zahl 100.
Ich schiebe sie 5 Felder nach links, 3 Reihen nach oben und 1 Feld nach rechts. Wo steht sie jetzt?

d) Meine Figur steht auf der Zahl 31.
Ich schiebe sie 7 Felder nach rechts, 6 Reihen nach unten und 2 Felder nach rechts. Wo steht sie jetzt?

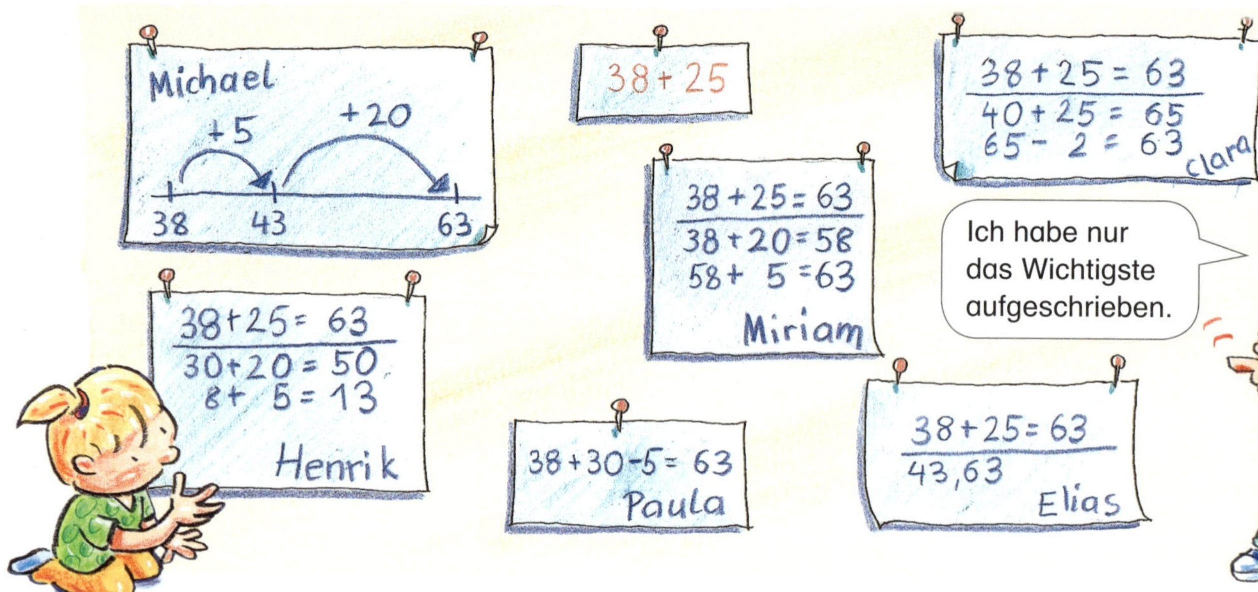

① Wie haben die Kinder gerechnet? Wie rechnest du?

Zehner plus Zehner
Einer plus Einer

Rechentrick:
glatte Zehnerzahl

erst plus E,
dann plus Z

?

erst plus Z,
dann plus E

② Löse diese Aufgaben mit dem Rechenstrich.

26 + 37 = ☐ 65 + 18 = ☐ 24 + 39 = ☐ 46 + 28

③ Rechne auf deinem Weg.

a) 38 + 49 = ☐
48 + 17 = ☐
66 + 28 = ☐

b) 45 + 16 = ☐
27 + 25 = ☐
53 + 29 = ☐

c) 57 + 36 = ☐
64 + 28 = ☐
19 + 24 = ☐

d) 23 + 59
77 + 17
46 + 45

43, 52, 61, 65, 82, 82, 87, 91, 92, 93, 94, 94

④ a) 2 3 4 5

Bilde mit diesen Ziffern Zahlenpaare und zähle zusammen:

2 3 + 4 5 = 68

5 2 + 3 4 = ☐

1	2	3	4	5	6	7	8
11	12	13	14	15	16	17	18
21	22	23	24	25	26	27	28
31	32	33	34	35	36	37	38
41	42	43	44	45	46	47	48
51	52	53	54	55	56	57	58
61	62	63	64	65	66	67	68
71	72	73	74	75	76	77	78
81	82	83	84	85	86	87	88
91	92	93	94	95	96	97	98

Wie viele Rechnungen findest du? Rechne.
Suche jetzt deine Ergebnisse in der Hundertertafel. Was fällt dir auf?

b) Wähle nun diese Ziffernkarten: 3 4 5 6. Arbeite wie in a).

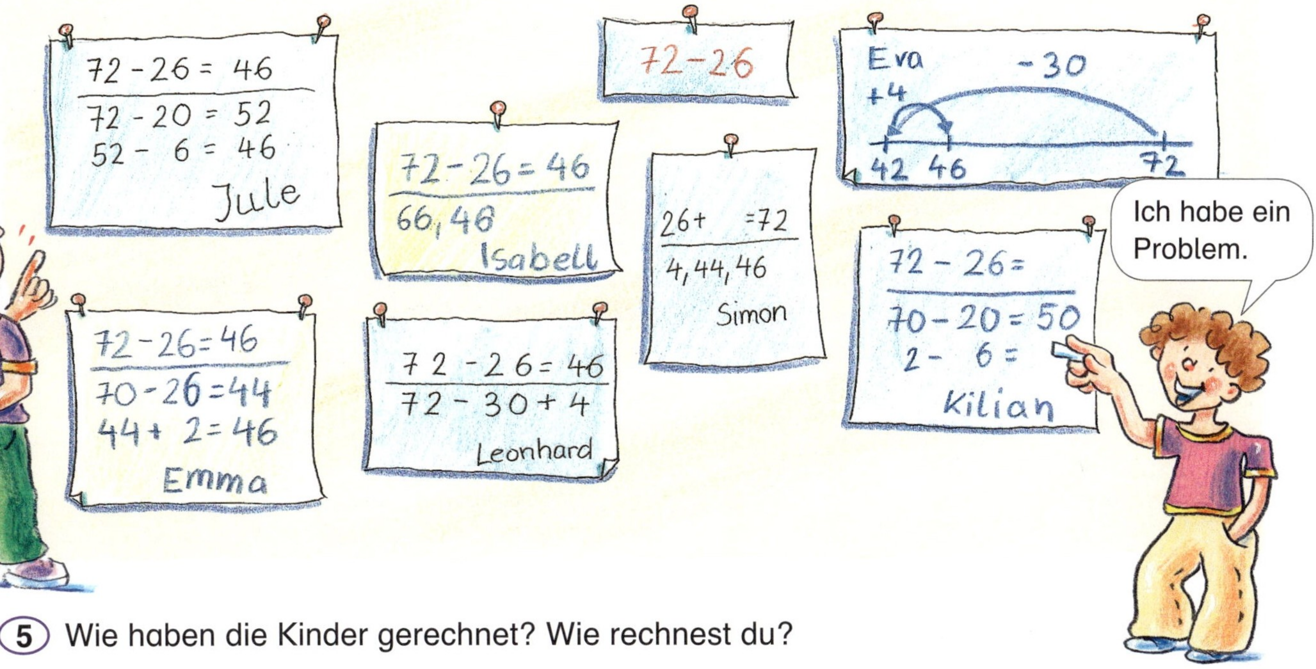

5. Wie haben die Kinder gerechnet? Wie rechnest du?

erst minus E, dann minus Z

Rechentrick: glatte Zehnerzahl

?

Ergänzen

erst minus Z, dann minus E

6. Löse diese Aufgaben mit dem Rechenstrich.

47 – 18 = ☐ 83 – 36 = ☐ 75 – 66 = ☐ 69 – 29 = ☐

7. Rechne auf deinem Weg.

a)	b)	c)	d)
94 – 38 = ☐	83 – 68 = ☐	64 – 26 = ☐	53 – 17 = ☐
56 – 17 = ☐	74 – 46 = ☐	63 – 57 = ☐	94 – 35 = ☐
82 – 45 = ☐	48 – 39 = ☐	37 – 19 = ☐	61 – 24 = ☐

6, 9, 15, 18, 28, 36, 37, 37, 38, 39, 56, 59

8. Besondere Rechnungen – besondere Ergebnisse

54 – 45 = 9
42 – 24 = 18
41 – 14 = 27
73 – 37 = 36
21 – 12 = 9
64 – 46 = ☐
76 – 67 = ☐
84 – 48 = ☐
98 – 89 = ☐
85 – 58 = ☐
53 – 35 = ☐
32 – 23 = ☐
62 – 26 = ☐
95 – 59 = ☐
65 – 56 = ☐

a) Rechne aus und ordne.
Was haben die Aufgaben mit gleichem Ergebnis gemeinsam?

b) Suche noch mehr Spiegelrechnungen.

1

+	4	14	24
32	32 + 4 = 36	32 + 14 = 46	
66	66 + 4 = 70		
55			

+	4	14	24
32	36	46	56
66	70	80	90
55			

2 Zeichne die Tabellen ins Heft und rechne.

a)

+	32	42	52
24			
34			
44			

b)

+	14	24	34
58			
68			
78			

c)

+	9	19	29
7			
17			
27			

d)

+	3	13	2
61			
71			
81			

e)

–	15	25	35
57			
67			
77			

f)

–	37	27	17
42			
52			
62			

g)

–	63	64	65
83			
84			
85			

h)

–	39	38	3
77			
76			
75			

3 a)

+	5		
16		20	
17			20
		22	

b)

–	6	8	
19			9
20			
		13	

c)

–		24	
75	59		
		67	
62			2

d) Erfinde selbst Tabellen.

(4) Zeichne ins Heft und rechne.

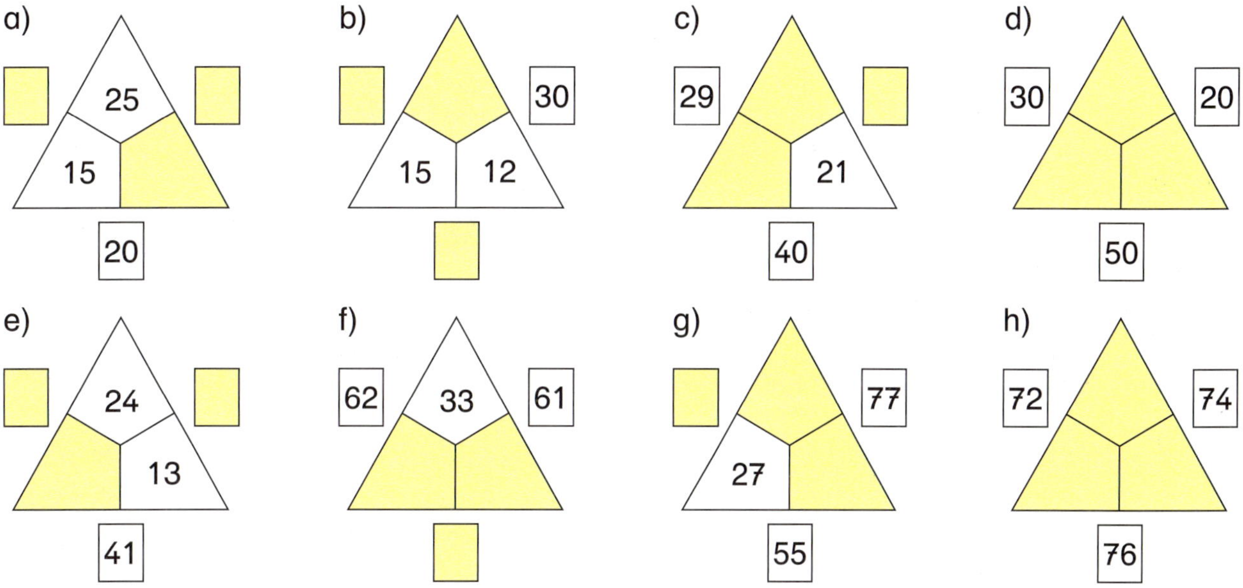

(5) Zähle bei jedem Rechendreieck zuerst die Außenzahlen und dann die Innenzahlen zusammen. Was stellst du fest?

(6) Finde weitere Rechendreiecke, deren Außenzahlen zusammen 100 und deren Innenzahlen zusammen 50 ergeben.

(7) a) Hier gibt es mehrere Lösungen. Wie viele findest du?

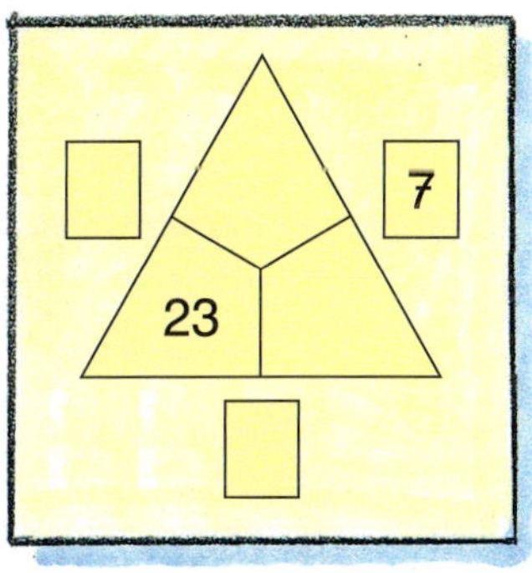

b) Vergleiche auch hier die Innen- und Außenzahlen.

(8) Lassen sich alle Rechendreiecke lösen? Probiere. Erkläre, warum es nicht immer geht.

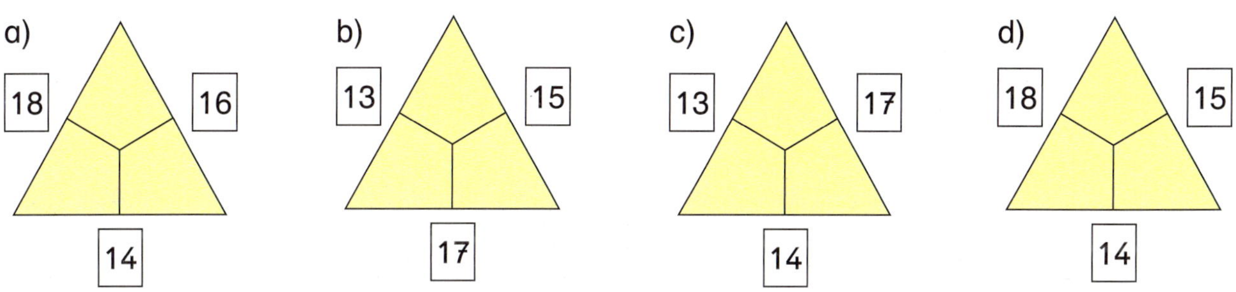

e) Denke dir noch mehr Rechendreiecke aus.

1 Eulalias Blick auf die Kapelle – wo ist Eulalia jeweils?

2 Standort ①, ②, ③ oder ④? Von welchem Platz aus sieht man den Palas so?

Kannst du auch ein Gebäude von verschiedenen Seiten zeichnen?

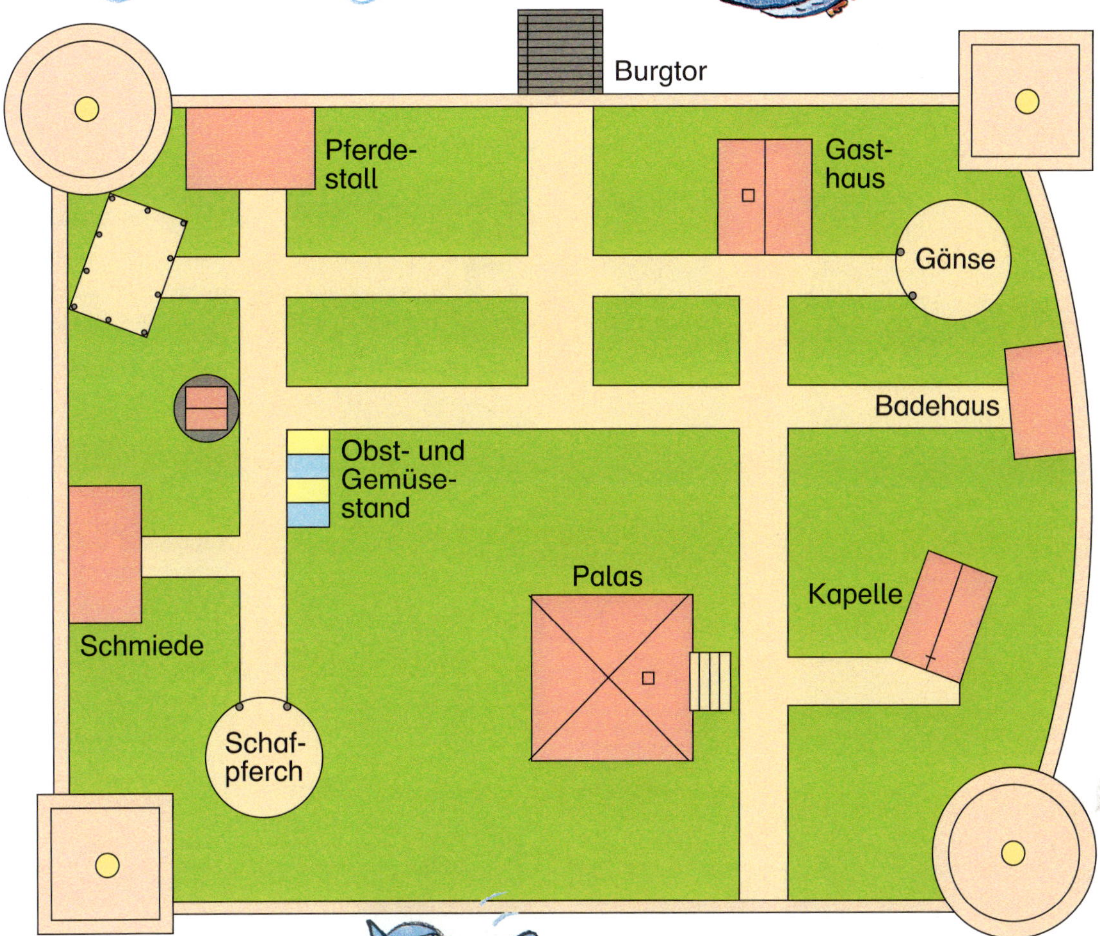

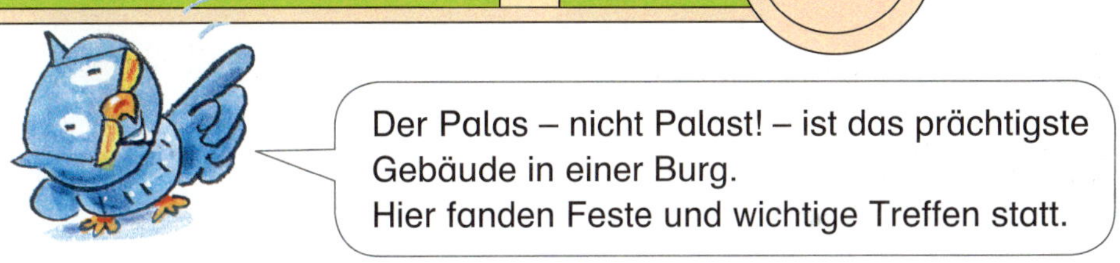

3 Wo kommst du an?

Start: Burgtor

Du kommst durch das Burgtor. Biege rechts ab. An der nächsten Kreuzung gehst du links, dann immer geradeaus, bis es nicht mehr weitergeht.
Wo kommst du an?

Start: Schmiede

Gehe an der Schmiede los und biege an der Kreuzung links ab. Bei der ersten Möglichkeit biegst du rechts ab und gehst geradeaus, bis es nicht mehr weitergeht.
Wo kommst du an?

Spiel für 2

Stellt eine Spielfigur auf den Burgplan. Ein Spieler beschreibt den Weg, der andere Spieler wandert mit der Spielfigur in der Burganlage.
(*Abwechseln nicht vergessen!*)

4 Wegerätsel – Beschreibe den Weg:
a) Du kommst durch das Burgtor und möchtest zu den Gänsen.
b) Du stehst am Obst- und Gemüsestand und möchtest zum Gasthaus.
c) Du bist bei den Schafen und willst in die Kapelle.
d) Du möchtest vom Palas zum Pferdestall.

Wie kommst du wieder zurück?

5 Wie sieht deine Ritterburg aus? Zeichne Gebäude und Wege.

AH S. 10

(1) Stelle dir deine Wunschburg mit Zubehör für ca. 80 € (100 €) zusammen.

(2) a) Du kaufst für 35 € Zubehör.
b) Dein Freund hat 40 € für 5 Zubehörteile ausgegeben.
Was kann er sich gekauft haben? Finde verschiedene Möglichkeiten.

(3) Angebot der Woche: Burg mit 4 Wehrtürmen, 3 Ringmauern und 1 Burgtor im Set 11 € günstiger.

Wie teuer ist die Burg jetzt?

(4) Belagerungsset im Angebot:
Rammbock, Katapult und Belagerungsturm kosten im Set 25 €.

Wie viel Geld kannst du sparen?

(5) Du wünschst dir für deine Burg noch 10 Ritter.
Zusätzlich möchtest du noch 2 Belagerungstürme kaufen.

Reichen dir 60 €?

(6) Du brauchst für dein Ritterturnier 8 Pferde und 6 Ritter mit Turnierzubehör. Zusätzlich möchtest du noch 7 Gespenster, 3 Drachen, 1 Burgfräulein und 5 Schatzkisten.

Reichen dir 100 €?

(7) Finde ähnliche Aufgaben und schreibe sie auf Karteikarten.

In der Einmaleins-Werkstatt

AH S.11/12

1 Die Einmaleinstabelle ist gefüllt.

a) Erkläre die Bedeutung der Farben rot, weiß, gelb.

b) Welche Kernaufgaben kannst du noch auswendig?

·	1	2	3	4	5	6	7	8	9	10
1	1 · 1	1 · 2	1 · 3	1 · 4	1 · 5	1 · 6	1 · 7	1 · 8	1 · 9	1 · 10
2	2 · 1	2 · 2	2 · 3	2 · 4	2 · 5	2 · 6	2 · 7	2 · 8	2 · 9	2 · 10
3	3 · 1	3 · 2	3 · 3	3 · 4	3 · 5	3 · 6	3 · 7	3 · 8	3 · 9	3 · 10
4	4 · 1	4 · 2	4 · 3	4 · 4	4 · 5	4 · 6	4 · 7	4 · 8	4 · 9	4 · 10
5	5 · 1	5 · 2	5 · 3	5 · 4	5 · 5	5 · 6	5 · 7	5 · 8	5 · 9	5 · 10
6	6 · 1	6 · 2	6 · 3	6 · 4	6 · 5	6 · 6	6 · 7	6 · 8	6 · 9	6 · 10
7	7 · 1	7 · 2	7 · 3	7 · 4	7 · 5	7 · 6	7 · 7	7 · 8	7 · 9	7 · 10
8	8 · 1	8 · 2	8 · 3	8 · 4	8 · 5	8 · 6	8 · 7	8 · 8	8 · 9	8 · 10
9	9 · 1	9 · 2	9 · 3	9 · 4	9 · 5	9 · 6	9 · 7	9 · 8	9 · 9	9 · 10
10	10 · 1	10 · 2	10 · 3	10 · 4	10 · 5	10 · 6	10 · 7	10 · 8	10 · 9	10 · 10

2 a) Schreibe die Kernaufgaben (·1) (·5) (·2) (·10) und die Quadrataufgaben untereinander auf.

b) Betrachte die Ergebnisse jeder Reihe. Was fällt dir auf?

3 Ergebnisse von Kernaufgaben: Finde passende Malaufgaben.

a) 18, 14, 10, 16

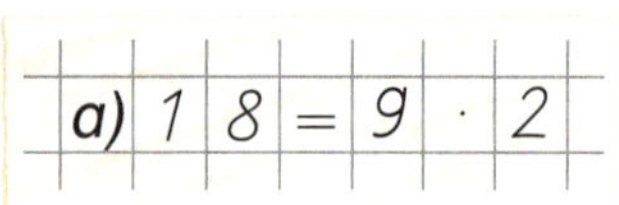

b) 35, 60, 8, 45

c) 64, 81, 36, 9

d) 49, 35, 15, 12

4 Finde die Fehler. Erkläre und multipliziere richtig.

a) 5 · 2 = 10
2 · 8 = 16
5 · 5 = 20

b) 5 · 5 = 25
7 · 2 = 15
7 · 10 = 70

c) 8 · 8 = 63
5 · 6 = 36
8 · 5 = 40

d) 9 · 2 = 17
6 · 10 = 60
9 · 5 = 45

5 Schreibe die Kernaufgaben auf Karteikarten:
– rechte obere Ecke von Kernaufgaben gelb.
– Ergebnis auf die Rückseite.
Übe allein oder mit deinem Partner.

6 Weiße Aufgaben mithilfe der Kernaufgaben lösen

Tipp: Nachbaraufgabe	Tipp: das Doppelte/die Hälfte	Tipp: Zusammenbauen
9 · 8 = ? 10 · 8 = 80 , 8 weniger	4 · 8 = ? 2 · 8 = 16	7 · 3 = ? 5 · 3 = 15 2 · 3 = 6

a) Löse alle weißen Aufgaben aus der Einmaleinstabelle im Heft.

b) Welche Aufgaben löst du mithilfe der Nachbaraufgabe, welche mithilfe das Doppelte/die Hälfte und welche mit Zusammenbauen? Vergleicht eure Ergebnisse.

7 a) Malaufgaben mit 9 schnell gelöst

10 · 7	10 · 8	10 · 6	10 · 2	10 · 4	10 · 3
9 · 7	9 · 8	9 · 6	9 · 2	9 · 4	9 · 3

b) Malaufgaben mit 2 als Hilfe

2 · 4	2 · 7	2 · 9	2 · 4	2 · 6	2 · 8
3 · 4	3 · 7	3 · 9	3 · 4	3 · 6	3 · 8

c) Verdoppeln und halbieren

2 · 6	4 · 4	6 · 6	8 · 8	3 · 3	2 · 9
4 · 6	8 · 4	3 · 6	4 · 8	6 · 3	4 · 9

8 Aufgabenreihen aus der Einmaleinstabelle lösen

a)	b)	c)	d)	e)	f)
3 · 9	6 · 9	7 · 8	2 · 8	3 · 7	6 · 7
4 · 9	7 · 9	8 · 8	3 · 8	4 · 7	7 · 7
5 · 9	8 · 9	9 · 8	4 · 8	5 · 7	8 · 7

9 Vorsicht beim Multiplizieren mit 0 und 1! Erkläre.

0 · 5	0 · 6	0 · 7	9 · 0	8 · 0	10 · 0
1 · 5	1 · 6	1 · 7	9 · 1	8 · 1	1 · 10

10 Schreibe alle weißen Aufgaben mit Ergebnis auf Karteikarten.
Übe alleine oder mit deinem Partner.

6 · 7 | 42

7 · 8 | 56

AH S. 13

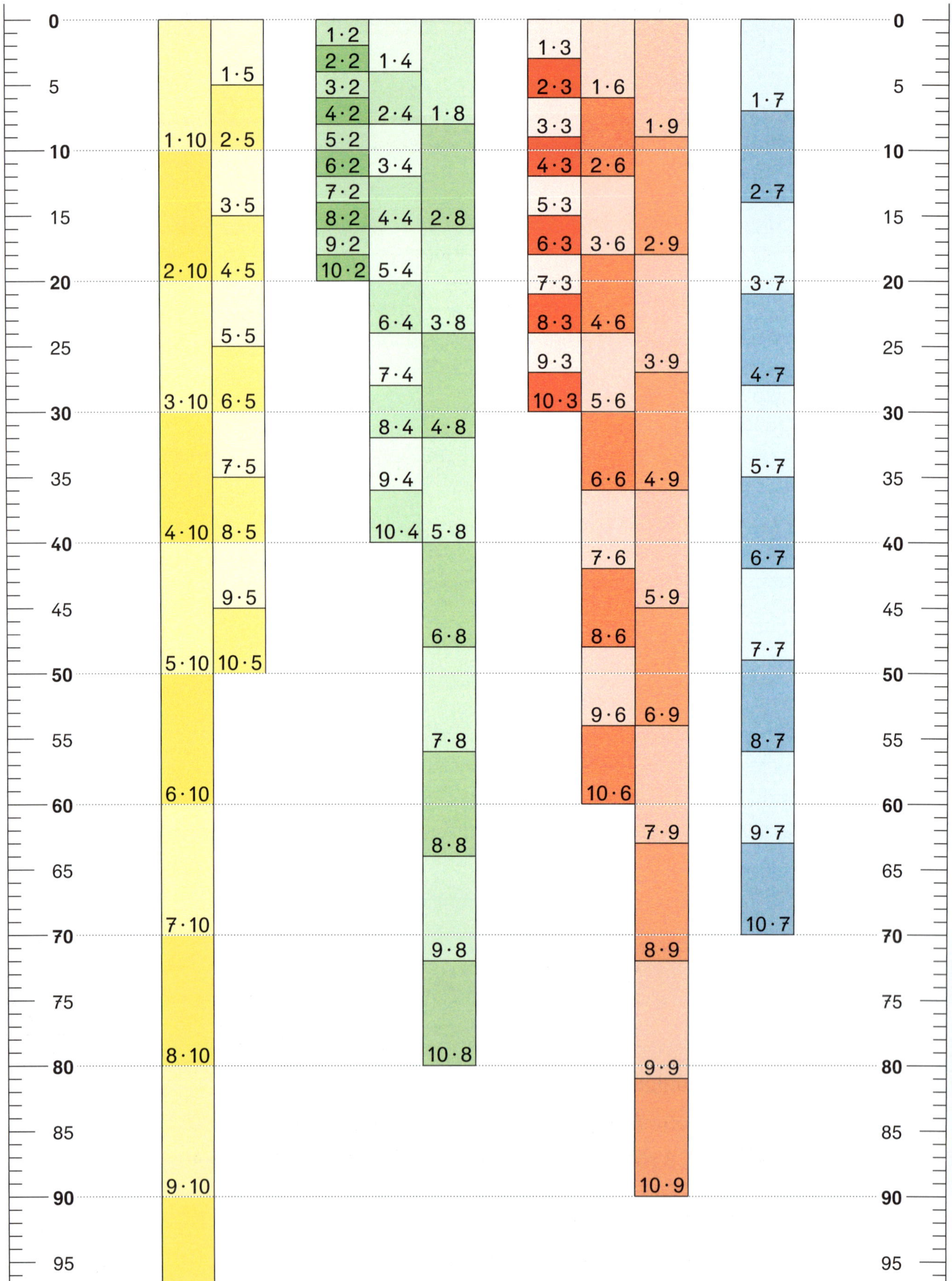

1 a) Betrachte die gelben Reihen.
Lege dein Lineal waagerecht auf die Reihen und schiebe es langsam nach unten.
Achte auf die Zahlen am Zahlenstrahl.

b) Schreibe alle Ergebnisse auf, die in **beiden** gelben Reihen vorkommen.
Notiere die passenden Aufgaben dazu.

$10 = 2 \cdot 5$

$10 = 1 \cdot 10$

2 a) Betrachte die grünen Reihen. Wie sind sie verwandt?
b) Schreibe die Ergebnisse auf, die in **zwei** der drei Reihen vorkommen. Notiere die Aufgaben dazu.
c) Schreibe die Ergebnisse auf, die in **allen** Reihen vorkommen. Notiere die Aufgaben dazu.

3 Betrachte die roten Reihen. Arbeite wie in Aufgabe **2**.

4 Überlege: Warum steht die Siebener-Reihe alleine?

5 a) Schreibe nur die Ergebniszahlen der Fünferreihe auf.
Man nennt diese Zahlen „Vielfache von 5“.

Vielfache von 5 sind 5, 10, 15, …

b) Schreibe nun auch die Vielfachen der anderen Reihen auf:

$\cdot 10$ $\cdot 2$ $\cdot 4$ $\cdot 8$ $\cdot 3$ $\cdot 6$ $\cdot 9$ $\cdot 7$

c) Übt mit einer Reihe. Einer nennt ein Vielfaches einer Zahl, der andere sagt die passende Malaufgabe.

6 Hier sind Ergebniszahlen, die in verschiedenen Reihen vorkommen.
Finde dazu passende Malaufgaben.

12	36	18	24	?
☐ · ☐	☐ · ☐	☐ · ☐	☐ · ☐	☐ · ☐
☐ · ☐	☐ · ☐	☐ · ☐	☐ · ☐	☐ · ☐
☐ · ☐	☐ · ☐	☐ · ☐	☐ · ☐	☐ · ☐

7 Betrachte noch einmal die Einmaleinsreihen auf der Seite 18.
Welche Zahlen bis 20 kommen in keiner Reihe als Ergebniszahlen vor?

8 Jetzt bist du Einmaleins-Experte.

a) Rechne mit dem Taschenrechner um die Wette.
Einer rechnet im Kopf, der andere mit dem Taschenrechner.

$8 \cdot 6$	$2 \cdot 9$	$4 \cdot 8$	$6 \cdot 6$	$9 \cdot 7$	$7 \cdot 3$
$3 \cdot 5$	$8 \cdot 7$	$6 \cdot 9$	$7 \cdot 9$	$10 \cdot 4$	$4 \cdot 6$

b) Stellt euch gegenseitig weitere Aufgaben.

① Punktefelder teilen

Teile in
– 2 gleiche Teile,
– 3 gleiche Teile,
– 5 gleiche Teile,
– …

Teile dieses Punktefeld wie Simsala und Bim in gleiche Teile. Schreibe die Rechnungen auf:

30 : 2 = ☐   30 : 5 = ☐
30 : 3 = ☐   30 : ☐ = ☐

② Teile auch diese Punktefelder in gleiche Teile. Schreibe die Rechnungen auf.

a) 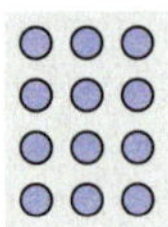
– in 2 Teile
– in 3 Teile
– in 4 Teile
– in 6 Teile

b) 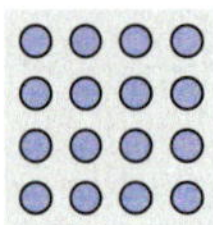
– in 2 Teile
– in 4 Teile
– in 8 Teile

c) 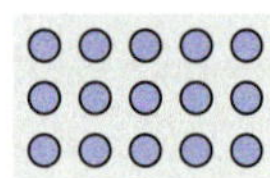
– in 3 Teile
– in 5 Teile

③ Zeichne Punktefelder auf, die sich gut teilen lassen …

a) … durch 2.
b) … durch 3.
c) … durch 4.
d) … durch 5.
e) … durch …

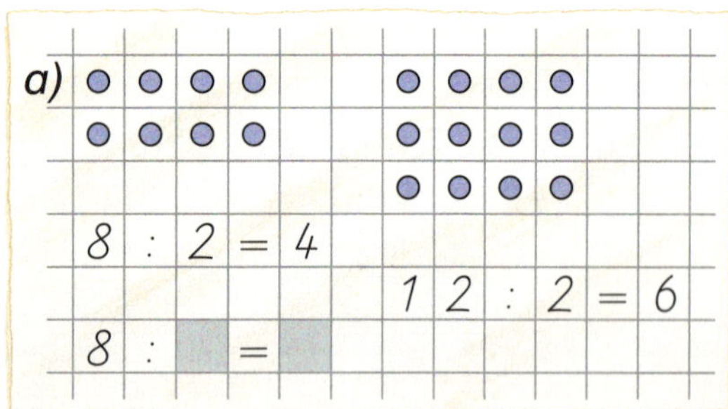

④ Dividiere. Die Malaufgabe hilft.

a)	b)	c)
28 : 4	63 : 9	18 : 3
30 : 5	54 : 6	48 : 8
36 : 6	24 : 4	42 : 6
42 : 7	36 : 9	56 : 8

⑤ Dividiere. Denke an die Malaufgabe.

a)	b)	c)	d)	e)
21 : 3	24 : 6	15 : 5	18 : 2	21 : 7
72 : 9	27 : 3	12 : 6	20 : 2	64 : 8
24 : 3	28 : 7	40 : 8	20 : 10	45 : 9
27 : 9	81 : 9	16 : 4	56 : 7	45 : 5

6 Ein Punktefeld – vier Aufgaben

6 · 3 = 18

3 · 6 = 18

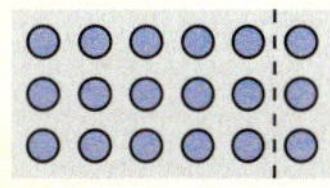

18 : 3 = 6

18 : 6 = 3

Erkläre und zeige am Punktefeld, warum alle vier Aufgaben passen.

7 Drei Zahlen – vier Aufgaben

a) 8, 3, 24

8 · 3 = 24
3 · 8 = 24
24 : 3 = 8
24 : 8 = 3

18, 2, 9 | 27, 9, 3 | 63, 7, 9
9, 5, 45 | 48, 6, 8 | 15, 5, 3
7, 42, 6 | 12, 4, 3 | 72, 8, 9

b) Wie heißt die dritte Zahl?

54, 9, ?

6 · 9 = 54
9 · 6 = 54
54 : 6 = 9
54 : 9 = 6

8, 7, ? | 35, 5, ? | 21, 3, ?
4, 28, ? | 7, 1, ? | 14, 2, ?
12, 6, ? | 100, 10, ? | 7, 56, ?

c) Wie heißt die dritte Zahl? Schreibe zwei Möglichkeiten auf.

6, 2, ?

6, 2, 12

6, 2, 3

10, 2, ? | 9, 3, ? | 2, 8, ?
5, 10, ? | 6, 3, ? | 4, 8, ?

8 Zahlen verzaubern
Wie heißt die Zauberregel? Finde weitere Paare.

a) :

20	5
24	6
28	7

b) :

36	6
42	7
60	10

c) :

27	3
45	5
63	7

d) :

48	6
32	4
56	7

e) :

56	8
35	5
7	1

Beim Dividieren bleibt auch mal ein Rest

(1) Simsala hat 12 Gummischlangen gezaubert.

Schreibt Rechnungen auf:

a) Simsala hat 12 Schlangen. 12 : 1 = ☐

b) Bim und Simsala teilen. 12 : 2 = ☐

c) Bim, Simsala und Eulalia teilen. 12 : 3 = ☐

d) Vier Personen teilen. 12 : 4 = ☐

e) Fünf Personen … 12 : 5 = ☐ R ☐

f) Sechs Personen … …

(2) Simsala zaubert 13, 14, 15 … Gummischlangen.
Es soll wieder gleichmäßig verteilt werden an:

– 1 Person	13 : 1	14 : 1	15 : 1	…
– 2 Personen	13 : 2	14 : 2	15 : 2	…
– 3 Personen	13 : 3	…	…	…

(3) a) Durch welche Zahlen kann man 12 ohne Rest teilen?
Diese Zahlen nennt man „Teiler" von 12.
Teiler von 12: 1, 2, 3 …

b) Schreibe auch die Teiler von 13, 14, 15 … auf.

(4) Betrachte die Tabelle. Erkläre, was hier dargestellt ist.
- Was bedeuten die Kreuze?
- Was bedeuten die leeren Felder?
- Welche Zahlen sind nur durch 1 ohne Rest teilbar?

	:1	:2	:3	:4	:5	:6	:7	:8	:9	:10	…
12	✗	✗	✗	✗		✗					
13	✗										
14	✗	✗					✗				
15	✗		✗		✗						
16	✗	✗		✗				✗			
17	✗										

(5) Rechne.
Welcher Rest kann höchstens bleiben?

a) 24 : 3	b) 15 : 5	c) 24 : 4
25 : 3	16 : 5	25 : 4
…	…	…
30 : 3	20 : 5	28 : 4

(6) So kannst du mit Rest dividieren.

$4 \cdot 8 = 32$
$5 \cdot 8 = 40$
$6 \cdot 8 = 48$ ← 49
$7 \cdot 8 = 56$

Wie oft passt die 8 in die 49?
6 mal, weil $6 \cdot 8 = 48$ ist,
jetzt bleibt noch Rest 1.

a)	b)	c)	d)	e)
58 : 7	66 : 9	29 : 7	22 : 5	55 : 6
65 : 8	64 : 7	31 : 8	23 : 7	55 : 7
43 : 6	52 : 8	33 : 5	37 : 8	55 : 8
47 : 5	41 : 7	37 : 4	39 : 6	55 : 9

(7) Ordne zu.

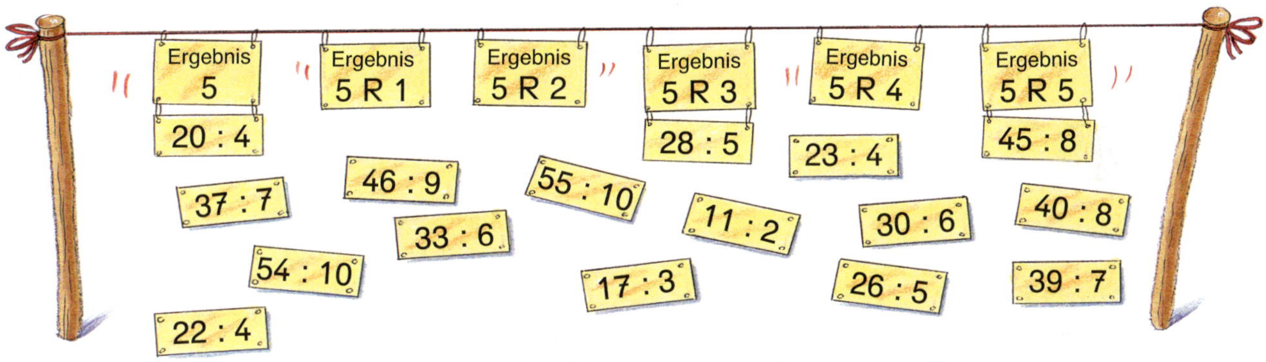

Schreibe so ins Heft:

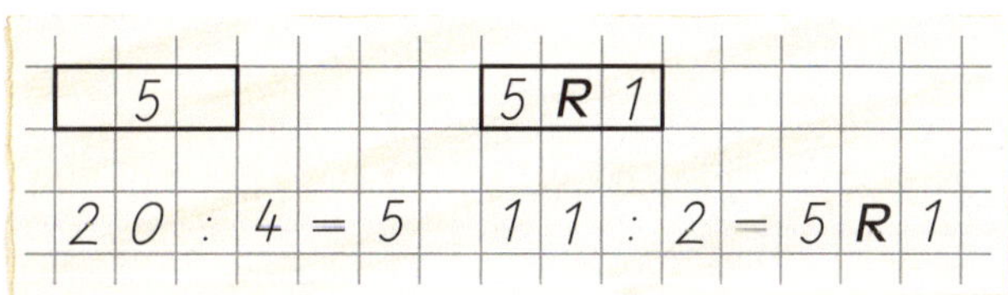

(8) Schöne Ergebnisse. Erkläre.

a)	b)	c)	d)
10 : 9	6 : 5	7 : 4	10 : 7
20 : 9	12 : 5	14 : 4	25 : 7
30 : 9	18 : 5	21 : 4	40 : 7
40 : 9	24 : 5	28 : 4	55 : 7
50 : 9	30 : 5	35 : 4	70 : 7
60 : 9	36 : 5	42 : 4	85 : 7

e) Erfinde selbst ein Päckchen mit schönen Ergebnissen.

☆ **(9)** Was geschieht mit dem Rest?

a) Vor dem Aufzug warten 16 Personen.

b) Auf dem Autozug stehen 66 Autos.
Auf einen Wagen passen 8 Autos.

1

Bunte Bohnen – im Siebener-Pack

3 · 7	5 · 7
9 · 7	7 · 7
11 · 7	13 · 7

Schneckeneier – im Sechser-Pack

4 · 6	5 · 6
8 · 6	10 · 6
12 · 6	11 · 6

Lachkraut – im Achter-Pack

2 · 8	4 · 8
3 · 8	6 · 8
10 · 8	20 · 8

2

6 · 5   3 · 4   3 · 6   2 · 8   5 · 8   9 · 4   8 · 3

Zaubermäntel, passend zu den Hüten

2 · 9   10 · 4   3 · 10   4 · 4   4 · 6   2 · 6   6 ·

3

4 · 7 =

9 · 4 =

9 · 7 =

3 · 4 =

Zaubersprüche, passend zu den Zauberstäben

Zauberer sind immer fleißig.

Schwarze Vögel singen krächzig.

Alte Bu schme oft ran

Im Zauberwald gibt's viele Wölf'.

4

Krötenschleimtropfen

18 : 3	45 : 9
28 : 4	80 : 8
50 : 10	54 : 9
39 : 3	

Fischöl

16 : 4	64 : 8
36 : 6	81 : 9
25 : 5	9 : 3
49 : 7	

Zauberkraftsuppe

33 : 3	44 : 4
88 : 8	77 : 7
55 : 5	66 : 6
99 : 9	

Vogelkrallen

Packungen mit

36 : 4	48 : 6
18 : 9	40 : 8
28 : 7	21 : 3

Mausohren

Tütchen mit

24 : 6	63 : 7
12 : 4	64 : 8
30 : 5	44 : 4

Schlafkräuter

Büschel mit

56 : 8	42 : 7
36 : 9	16 : 2
81 : 9	27 : 9

· 3 ☐ 15 ☐ 18 ☐ 27 ☐ 12 ☐ ☐

· ☐ 49 ☐ 14 ☐ 21 ☐ 63 ☐ ☐

· ☐ 18 ☐ 27 ☐ 81 ☐ 36 ☐ ☐ ☐

6

5 mal 5 plus 7

9 mal 6 minus 5

7 mal 7 minus 8

48 geteilt durch 6 plus 21

90 geteilt durch 9 plus 79

6 mal 7 plus 2 mal 2

8 mal 9 minus 12

Für jeden Zauber das richtige Buch!

29: Hausaufgabenzaubereien

32: Tiere verzaubern

41: Licht und Feuer zaubern

46: Freude zaubern

49: Farben zaubern

60: Böser Zauber (Haarausfall, …)

89: Naturzauber (Gewitter, …)

7

Tolle Besenangebote

sieben mehr als 4 · 5
ϟ blitzschnell ϟ

die Hälfte von 8 · 4
↑ fliegt hoch ↑

zwei weniger als 2 · 10
federleicht

das Doppelte von 3 · 4
! gute Kurvenlage !

die Hälfte von 5 · 8
→ fliegt ruhig ←

neun weniger als 6 · 5
hält besonders lang

das Doppelte von 2 · 7
* superstark *

21 27 16 24 18 28 20

Auf dem Volksfest

AH S. 18

Michael, Stefan und Amelie gehen zusammen über den Festplatz.

Stefan sagt: „Ich möchte gerne Achterbahn fahren, Lose kaufen, schießen und etwas essen. Ich habe 5 € dabei."

Amelie meint: „Ich würde gerne auf einem Pony reiten, Karussell fahren und Pommes frites essen. Ob da meine 5 € reichen?"

Michael überlegt: „Wenn ich meine 5 € zu eurem Geld dazulege, dann könnten wir doch Autoscooter fahren, schießen und Karussell fahren. Vielleicht bleibt uns dann noch Geld für Pommes frites und Lose."

Michael rechnet:	
Autoscooter	5,00 €
Schießen	1,20 €
Karussell	…
…	…

(1) a) Was würden die Wünsche von Stefan und Amelie jeweils kosten?
b) Ist Michaels Plan durchführbar?
c) Mache den Kindern andere Vorschläge.

(2) a) Was würdest du auf dem Volksfest gerne erleben oder essen?
b) Was würden deine Wünsche kosten?

(3) a) Bei welchen Buden gibt es Ermäßigungen? Wann gibt es sie und warum?
b) Was kostet eine Fahrt im Autoscooter, wenn man eine 5er-Karte kauft?
c) Was kostet eine Karussellfahrt, wenn man eine 6er-Karte kauft?
Was kosten 6 Fahrten, wenn man lauter einzelne Karten kauft?

(4) Vervollständige die Tabellen. Rechne immer den günstigsten Preis aus.

Karussell	
1 Fahrt	2,– €
2 Fahrten	4,– €
3 Fahrten	5,– €
4 Fahrten	…
5 Fahrten	…
…	

Autoscooter	
1 Fahrt	2,– €
2 Fahrten	…
3 Fahrten	5,– €
4 Fahrten	…
…	…

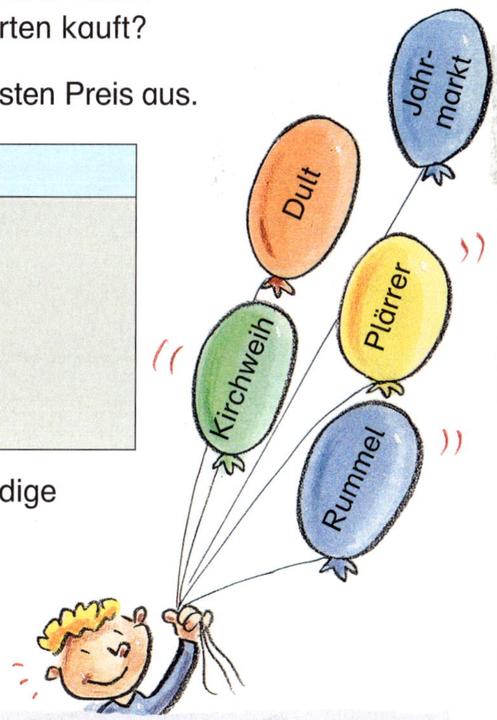

Erstelle auch für das Schießen und Ponyreiten vollständige Tabellen.

☆ (5) Die 9-jährige Hanna geht mit ihrer Mutter über den Rummel. Nach 20 Minuten trifft sie ihre ein Jahr ältere Freundin Nina. Sie gehen zusammen zum Ponyreiten, fahren 3-mal mit dem Karussell und kaufen 4 Lose. Wie alt ist Nina?

(6) Remo geht mit 4 € zum Volksfest. Er bleibt insgesamt 2 Stunden. In dieser Zeit begegnet er 5 Freunden, seiner Oma und 3 Mitschülerinnen. Die Hälfte seines Geldes gibt er für Getränke aus, für den Rest kauft er Lose. Wie viel Geld hat Remo insgesamt ausgegeben?

Skizzen zeichnen

Max geht um 7.15 Uhr aus dem Haus. Um 7.35 Uhr fährt der Schulbus ab. Die Fahrzeit beträgt 25 Minuten. Wie lange ist Max unterwegs?

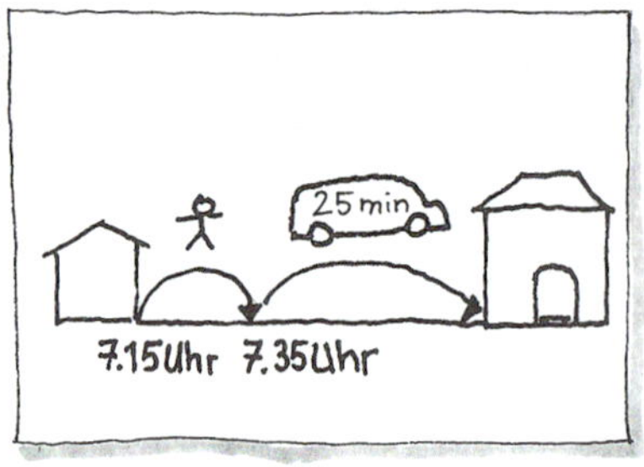

① Kinder haben zu dieser Aufgabe gezeichnet.
a) Welche Zeichnung ist einfach?
Welche Zeichnung hilft beim Rechnen?
Erkläre.
b) Rechne aus.

② Zeichne eine Skizze mit allen notwendigen Angaben. Löse die Aufgabe.

Annikas Unterricht endet um 12.15 Uhr. Um 12.25 Uhr fährt der Schulbus. Die Fahrt dauert 20 Minuten. Dann muss sie noch 3 Minuten zu Fuß gehen. Wann ist sie zu Hause?

③ Löse die Aufgaben mithilfe von Skizzen.

Herr Müller möchte den Gemüsegarten einzäunen. Dieser ist 7 m lang und 6 m breit. Wie viele Meter Zaun braucht Herr Müller?

Eva ist 1 m 45 cm groß. Franz ist 12 cm größer als Eva. Beate ist 8 cm kleiner als Eva. Wie groß ist jeder?

Eine Schnecke kriecht die Mauer hoch. Am ersten Tag schafft sie 3 m. In der Nacht rutscht sie 1 m zurück. Am zweiten Tag kriecht sie wieder 3 m. Wie hoch ist sie jetzt?

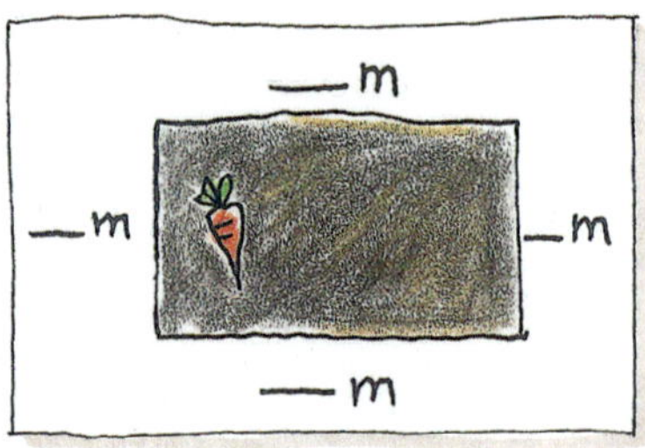

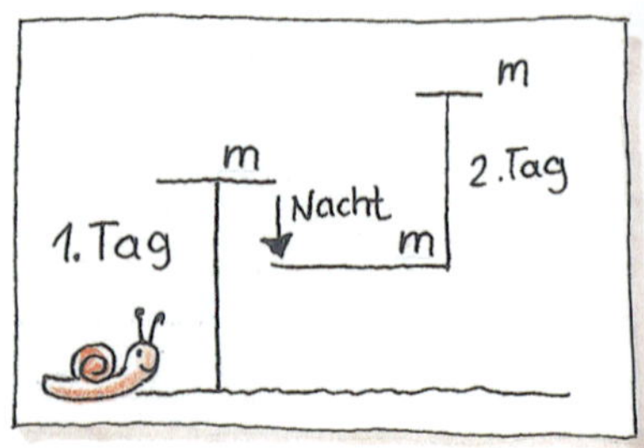

④ Zeichne auch hier Skizzen.
a) Paul ist 1 m 38 cm groß, Stefan ist 5 cm kleiner. Ben ist 8 cm größer als Paul. Tim ist 13 cm kleiner als Ben.
b) Rosi hat für ihre Hasen einen Freilauf im Garten gebaut. Er ist 3 m lang und 2 m breit. Wie viel Meter Zaun hat sie gebraucht?
c) Eine Schnecke kriecht 4 Tage eine Burgmauer hoch. Sie schafft jeden Tag 4 m. In jeder Nacht rutscht sie 1 m zurück. Am Abend des 4. Tages ist sie oben. Wie hoch ist die Mauer?

Sachaufgabe der Woche
Simone und Max unternehmen eine Radtour. Um 9 Uhr radeln sie los. Nach einer Stunde machen sie 30 Minuten Pause. Dann brauchen sie noch 35 Minuten bis zum Ziel. Wann kommen sie an?

(5) Ordne die Tipps der Kinder den Schritten zu.
Löse die Aufgabe.

(6) Löse die Sachaufgaben. Denke an die 6 Schritte.

a) Die Schule in Neustadt erhält eine Spende von 100 €.
Es werden davon 6 Bälle für jeweils 6 € und 8 Sprungseile für je 4 € gekauft.
Für den Rest kaufen sie Federballspiele zu je 8 €. Wie viele Federballspiele sind es?

b) Michael will mit seiner Mutter die Oma besuchen.
Der Zug fährt um 9.25 Uhr los und kommt 2 Stunden später in München an.
Dann müssen sie noch 20 Minuten mit der U-Bahn fahren und 10 Minuten laufen.
Michael überlegt:
Wann werden wir wohl bei Oma sein?

c) Auf Paulas Reiterhof wird eine quadratische Koppel eingezäunt. Jede Seite ist 25 m lang. Für das Tor bleiben 3 m frei.
Wie viele Meter Zaun muss Paulas Vater besorgen?

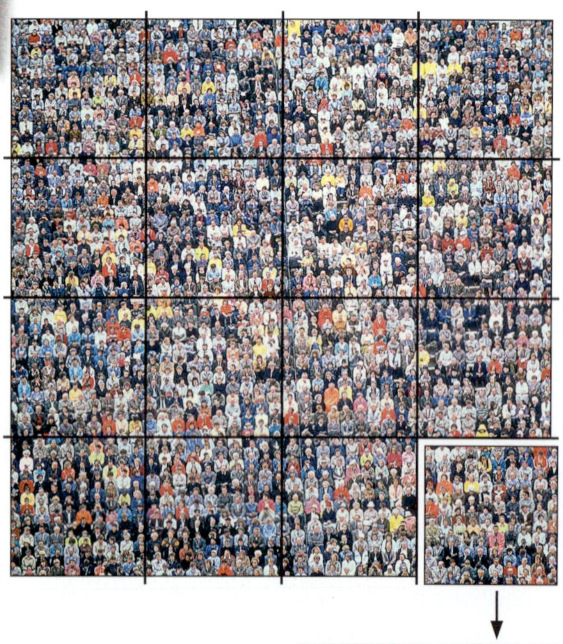

1. Schätze oder zähle zuerst nur einen Ausschnitt. Schätze dann die ganze Menge.

2 So haben die Kinder die Würfel geordnet:

Sind es 1000? Zählt und schreibt auf.

AH S. 20

1 Legt nun selbst große Zahlen mit Würfeln, Stangen und Platten. Der Partner nennt die gelegte Zahl.

2 Lege. Wie heißt die Zahl? Schreibe sie in die Stellenwerttafel.

a) 

T	H	Z	E	
	4	5	2	= 452

b) 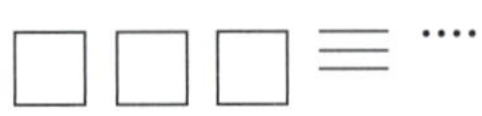

c) 

d) 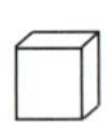

e) 

f) 

g) 

h) 

i) 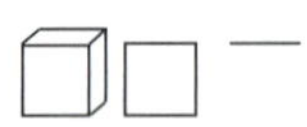

Finde selbst noch Aufgaben. Dein Partner löst sie.

3 Zeichne diese Zahlen ins Heft. Schreibe sie in die Stellenwerttafel und lies sie.

a) 

b) 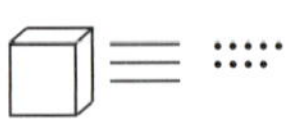

c) 

d) 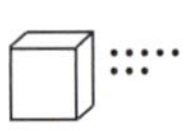

e) 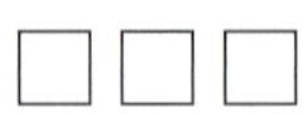

f) 

g) 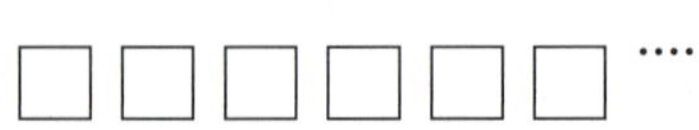

h) 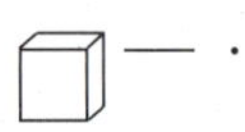

4 Lies diese Zahlen und zeichne sie.

a)

T	H	Z	E
	7	1	9

T	H	Z	E
1	0	1	4

T	H	Z	E
	6	6	6

T	H	Z	E
1	1	1	1

T	H	Z	E
	2	8	1

b) 375, 608, 150, 1050, 1005, 230, 203, 1233, 2003.

5 Lege mit den Zahlenkarten. Lies die Zahlen und schreibe auf.

[5 | 3 0] fünfhundertdreißig

500 + 30 = 530

a) [9 | 7 0] [6 | 5 0] [4 | 9 0] [2 | 8 0] [8 | 1 0]

b) [1 0 | 4] [7 0 | 6] [3 0 | 5] [5 0 | 3] [1 0 0 | 1]

c) [9 | 7 0] [9 0 | 7] [3 0 | 8] [3 | 8 0] [8 | 3 0]

6 Lege, lies und schreibe auf.

[4 | 3 | 7] vierhundert-siebenunddreißig

437 = 400 + 30 + 7

a)	b)	c)	d)
674	204	897	363
283	630	879	633
831	1028	798	336
755	1003	789	663

7 Bilde dreistellige Zahlen: Wie viele findest du? Schreibe sie auf.

a) 20, 500, 7, 600, 90, 4, 200, 50, 8

b) 400, 900, 30, 80, 100, 9, 40, 60, 5

c) Bilde mit den Zahlenkarten von Aufgabe a) und b) …
- jeweils die kleinste 3-stellige Zahl,
- jeweils die größte 3-stellige Zahl,
- jeweils die größte 3-stellige gerade Zahl.

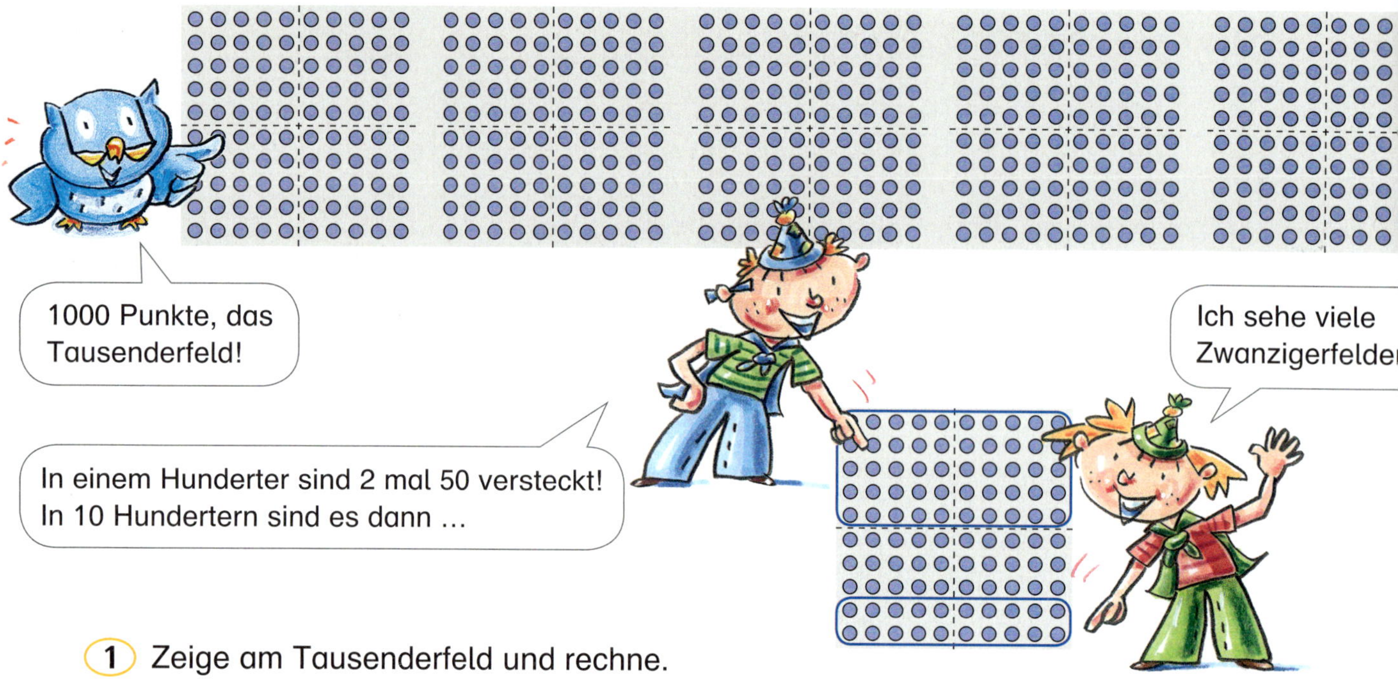

1 Zeige am Tausenderfeld und rechne.

a) 1000 = □ · 500
1000 = □ · 200
1000 = □ · 100
1000 = □ · 250

b) 1000 = □ · 50
1000 = □ · 20
1000 = □ · 10
1000 = □ · 25

c) 1000 = 700 + □
1000 = 900 + □
1000 = 600 + □
1000 = 800 + □

2 Zeige am Tausenderfeld und rechne.

a) 100 + 100 = □
200 + 200 = □
300 + 300 = □
400 + 400 = □
500 + 500 = □

b) 100 + □ = 1000
200 + □ = 1000
300 + □ = 1000
400 + □ = 1000
500 + □ = 1000

c) 500 + 200 + □ = 1000
600 + 100 + □ = 1000
800 + 100 + □ = 1000
300 + 300 + □ = 1000
400 + 400 + □ = 1000

d) 1000 – 100 = □
1000 – 200 = □
1000 – 300 = □
1000 – 400 = □
1000 – 500 = □

e) 1000 – □ = 900
1000 – □ = 800
1000 – □ = 700
1000 – □ = 600
1000 – □ = 500

f) 1000 – 200 – 300 = □
1000 – 100 – 300 = □
1000 – 100 – 100 = □
1000 – 300 – 400 = □
1000 – 400 – 200 = □

Finde noch mehr Aufgaben.

3 Der 1000 auf der Spur:

a) Überlege und rechne.
Lebst du schon 1000 Tage?
Wie viele Schachteln brauchst du für 1000 Streichhölzer?
Ist euer Klassenzimmer 1000 Zentimeter lang?

b) Forsche nach:
Gibt es an deiner Schule
– 1000 Blätter Papier,
– 1000 Schulbücher,
– 1000 Kinder?
– 1000 …?

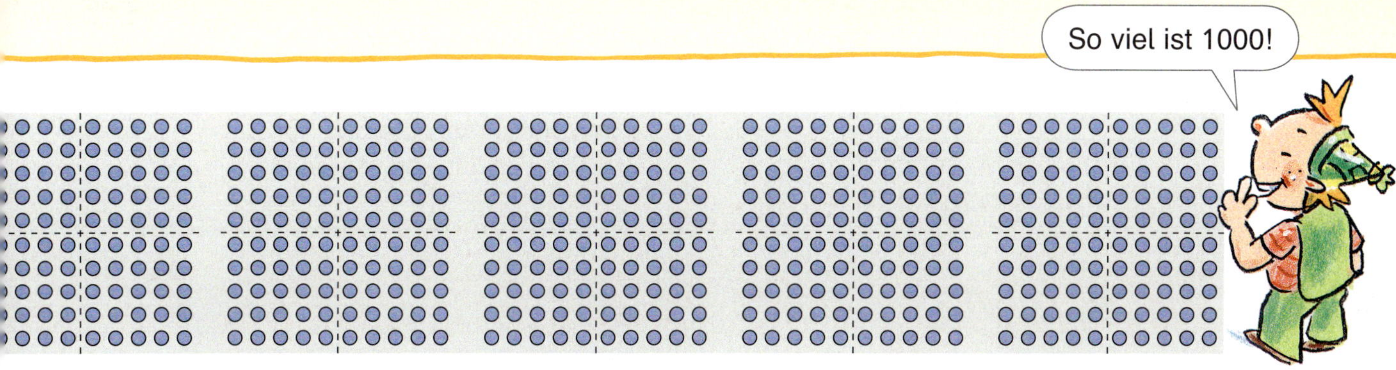

4 a) Nenne eine Zahl. Dein Partner zeigt sie am Tausenderfeld und schreibt sie auf.

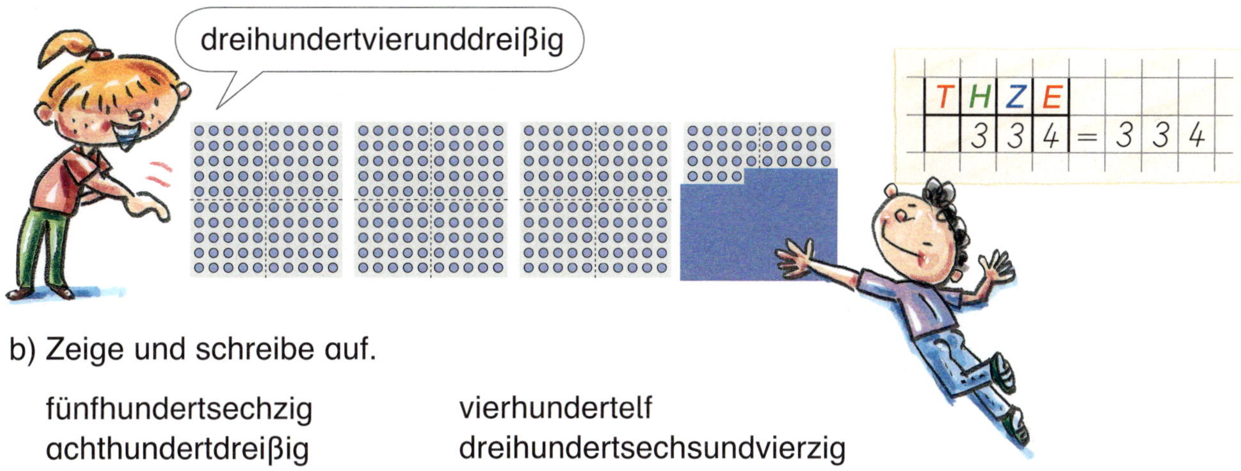

b) Zeige und schreibe auf.

fünfhundertsechzig
achthundertdreißig
siebenhundertneunzig
zweihundertfünfzig

vierhundertelf
dreihundertsechsundvierzig
sechshundertdreiundzwanzig
neunhundertfünfundachtzig

5 Zeige am Tausenderfeld und rechne.

a) 850 + ☐ = 1000
650 + ☐ = 1000
250 + ☐ = 1000
450 + ☐ = 1000
750 + ☐ = 1000

b) 900 + ☐ = 1000
910 + ☐ = 1000
940 + ☐ = 1000
950 + ☐ = 1000
990 + ☐ = 1000

c) 999 + ☐ = 1000
899 + ☐ = 1000
799 + ☐ = 1000
699 + ☐ = 1000
99 + ☐ = 1000

Findet noch mehr Aufgaben.

6 Zahlenrätsel am Tausenderfeld.

a) Die Zahl ist die Hälfte von 1000.

b) Die Zahl ist das Doppelte von 400.

c) Die Zahl ist um 50 kleiner als 500.

d) Die Zahl ist um 100 kleiner als 700.

e) Die Zahl ist um 300 größer als 600.

f) Die Zahl ist die Hälfte von 500.

g) Findet selbst solche Rätsel.

Das Wort „Tausend“ bedeutet „Vielhundert“. Oft wird es verwendet, wenn man „viel“ meint. So hat der **Tausend**füßler nur höchstens 680 Beine. Es sind also nur sehr viele.

1 Spielt auch Zahlen raten.

2 a) Welche Zahlen könnt ihr in dieser Stellenwerttafel mit einem (2, 3, ...) Plättchen darstellen? Schreibt auf und vergleicht eure Zahlen.

b) Wie heißt die größte Zahl, die ihr mit einem Plättchen darstellen könnt, wie die kleinste?

c) Wie heißt die größte Zahl, die ihr mit 4 Plättchen darstellen könnt, wie die kleinste?

T	H	Z	E

3 Zeichne und schreibe die Zahlen.

a)

H	Z	E	
•	••••••	••	162
••••		•••	▢
•••	•••		▢
…			…

b)

H	Z	E	
•	•	••	112
			211
			201
			…

c)

	H	Z	E	
5 H 4 E	•••••		••••	504
9 Z 2 H				▢
3 E 8 H 4 Z				▢
…				…

4 Wie heißt die Zahl? Schreibe sie auf.

a) Meine Zahl hat 7 Hunderter, 5 Zehner und 8 Einer.

b) Meine Zahl hat 6 Zehner und 3 Hunderter.

c) Meine Zahl hat 4 Hunderter, doppelt so viele Zehner und 2 Einer.

d) Meine Zahl hat 8 Einer, halb so viele Zehner und einen Hunderter.

e) Meine Zahl hat 3 Zehner und doppelt so viele Hunderter.

f) ?

5

H	Z	E
••	•	••••

a) Lege nach und schreibe die Zahl auf.

b) Du darfst ein Plättchen dazulegen.
Welche Zahlen können entstehen?
Schreibe auf.

c) Lege eine andere Zahl mit 7 Plättchen und verändere sie wie bei b).

6 Nimm aus jeder Stellenwerttafel jeweils ein Plättchen weg.
Welche Zahlen können entstehen? Lege nach und schreibe auf.

a)

H	Z	E
•	••	•

b)

H	Z	E
••••••	••	••

c)

H	Z	E
•••••••	•••	•

d)

H	Z	E
•••••	•	••••

7 Verschiebe bei den Stellenwerttafeln von **6** nun jeweils ein Plättchen.
Welche Zahlen können entstehen? Lege nach und schreibe auf.

8 Würfeln und spielen

a) Die größte Zahl gewinnt:

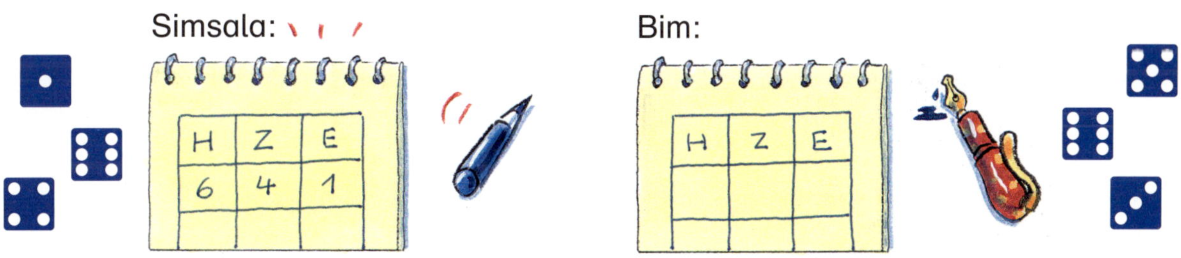

Kann Bim mit seinem Wurf noch gewinnen?
Wie muss er die gewürfelten Zahlen eintragen? Spiele mit deinem Partner.

b) Pokern:
Simsala und Bim spielen jetzt mit nur einem Würfel.
Sie müssen genau überlegen, wo sie ihre gewürfelte Zahl jeweils eintragen.

Simsala:

H	Z	E
4		

2. Wurf: 

Bim:

H	Z	E
		2

2. Wurf: 

Wo würdest du die gewürfelten Zahlen eingetragen?

Spiele wieder mit deinem Partner.

c) Erfinde eine weitere Spielregel.

AH S. 23

1 Wo findest du diese Zahlen? Erkläre.
Zeige die Zahlen auch am Zahlenstrahl.
Wie gehst du bei d) vor?

a)	b)	c)	d)
700	150	280	352
400	450	390	423
500	750	340	409

2 Nachbarhunderter:
Zwischen welchen Hunderten liegen diese Zahlen?
Welcher Hunderter liegt näher?

a)	b)	c)	d)
720	150	723	367
920	650	649	504
450	820	352	909

Schreibe so ins Heft:

a) 700, 720, 800
   , 920,

3 Nachbarzehner:
Zwischen welchen Zehnern liegen diese Zahlen?
Welcher Zehner liegt näher?

a)	b)	c)	d)
327	652	269	901
349	623	231	939
352	609	289	915

a) 320, 327, 330

4 Nachbarzahlen: Schreibe die Nachbarzahlen auf.

a)	b)	c)	d)
270	581	400	650
349	800	299	130
499	947	505	429

a) 269, 270, 271

5 Setze die Zahlenfolgen fort:

a) 285, 290, 295, ……, 340
b) 794, 796, 798, ……, 820
c) 505, 509, 513, ……, 557
d) 915, 910, 905, ……, 855
e) 410, 408, 406, ……, 384
f) 650, 647, 644, ……, 611

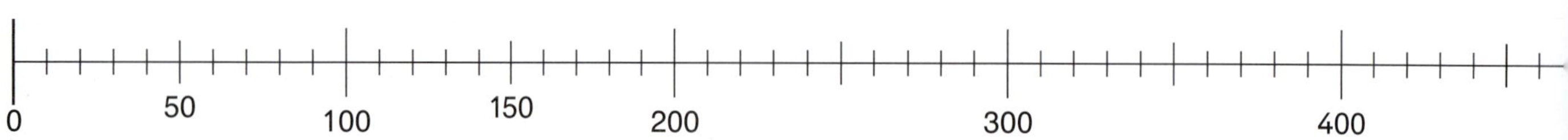

6 Vergleiche die Zahlen. Setze ein: (<), (>), (=)

a)	b)	c)
127 ◯ 172	924 ◯ 942	141 ◯ 114
452 ◯ 425	371 ◯ 317	823 ◯ 832
603 ◯ 630	209 ◯ 209	408 ◯ 407
810 ◯ 801	783 ◯ 873	521 ◯ 125
535 ◯ 535	679 ◯ 976	937 ◯ 937

127 < 172

7 Ordne die Zahlen der Größe nach. Verwende (<) oder (>).

a) 124 740 12 86 318 813

b) 615 651 165 561 51 105

c) 703 408 54 281 301 103

8 Wie heißen die Zahlen?

a) Die Zahl besteht aus den Ziffern 4, 7 und 2. Sie ist kleiner als 400, aber größer als 250.

b) Die Zahl ist größer als 600 und kleiner als 700. Sie hat 3 gleiche Ziffern.

c) Die Zahl ist ungerade, hat 3 gleiche Ziffern und ist kleiner als 300.

d) Die Zahl hat 2 gleiche Ziffern und liegt zwischen 460 und 480. Wenn du alle 3 Ziffern addierst, erhältst du die Zahl 16.

e) Die Zahl besteht aus den Ziffern 9, 5 und 1. Sie ist größer als 400, aber kleiner als 550.

f) ?

9 Zahlen-Ratespiel
Schreib dir eine Zahl auf einen Geheimzettel. Dein Partner muss sie erfragen.

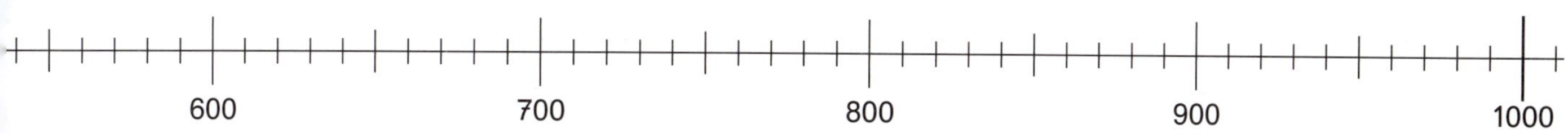

Willkommen in der Tausender-Werkstatt

AH S. 24

1 Zahlen ordnen
Nimm 10 Zahlenkarten und sortiere sie nach der Größe. Beginne mit der kleinsten Zahl. Schreibe sie so auf:
328 < 458 < 470

2 Schnipp-Schnapp
Verteilt Zahlenkarten an 2 Kinder. Auf Kommando „Schnipp“ deckt jeder seine oberste Karte auf. Haben beide Zahlen an einer Stelle die gleiche Ziffer, bekommt der die Karte, der zuerst „Schnapp“ ruft.

3 Dalli-Dalli
Legt 20 Zahlenkarten offen auf den Tisch. Ein Mitspieler beginnt und sagt eine der aufliegenden Zahlen. Wer die Karte zuerst findet, darf sie nehmen und die nächste Zahl ansagen.

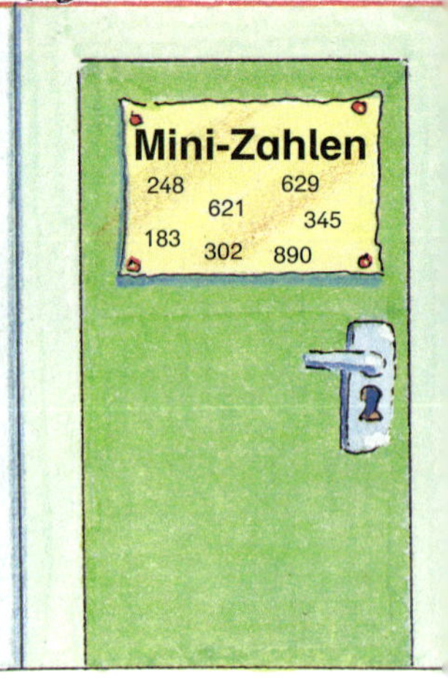

4 Zahlenstechen
Verteilt die Zahlenkarten gleichmäßig an alle Spieler. Jeder deckt eine Karte auf. Wer die höchste Zahl hat, bekommt die Karten.

5 Fernglas
Lies mit dem Fe
glas die Mini-Za
auf der Türe.
Schreibe sie di

6 Alles im Eimer
Jeder bekommt 10 Bälle und versucht sie in die 3 Eimer zu werfen. Welche Zahl wurde geworfen?

7 Baukasten
Einer legt mit dem Wortbaukasten eine Zahl, der andere legt die gleiche Zahl mit dem Zahlbaukasten.

8 Zahlen bilden
Nimm die 3 Ziffernkarten und bilde 3-stellige Zahlen. Wie viele findest du? Schreibe auf.

9 Zahlenschnüre

Kannst du mit geschlossenen Augen geknotete Zahlen erkennen? Das linke Seil zeigt die Hunderter, das mittlere die Zehner, das rechte die Einer. Knote selbst Zahlen.

10 Taschenrechner

Dein Partner nennt eine Zahl, du tippst sie in den Taschenrechner ein. Wechselt euch ab.

11 Zahlen fühlen

Verbinde dir die Augen. Lass dir von deinem Partner eine Zahl legen und erfühle sie.

12 Zahlenmusik

Nehmt eine Zahlenkarte. Lasst die Hunderter auf der Flöte, die Zehner auf der Trommel und die Einer auf der Triangel erklingen.

13 Geheimpost

Schreibe eine Zahl auf. Flüstere deinem Partner durch das Rohr die geheime Zahl zu. Der Partner schreibt sie auf. Ob er dich richtig verstanden hat?

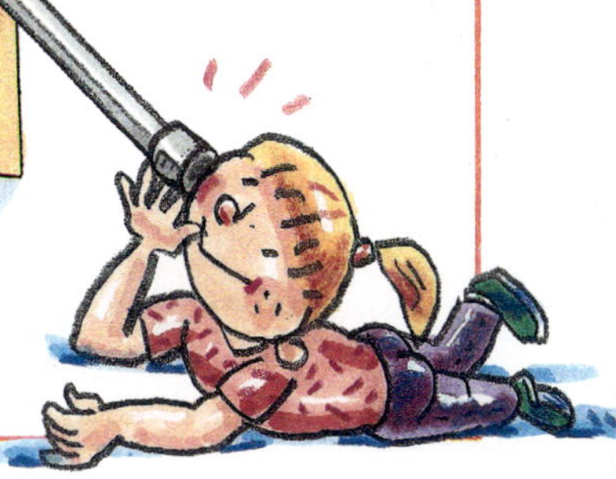

1	2	3	4	5	6	7	8	9	10
11	12	13	14	15	16	17	18	19	20
21	22	23	24	25	26	27	28	29	30
31	32	33	34	35	36	37	38	39	40
41	42	43	44	45	46	47	48	49	50
51	52	53	54	55	56	57	58	59	60
61	62	63	64	65	66	67	68	69	70
71	72	73	74	75	76	77	78	79	80
81	82	83	84	85	86	87	88	89	90
91	92	93	94	95	96	97	98	99	100
101	102	103	104	105	106	107	108	109	110
111	112	113	114	115	116	117	118	119	120
121	122	123	124	125	126	127	128	129	130
131	132	133	134	135	136	137	138	139	140
141	142	143	144	145	146	147	148	149	150
151	152	153	154	155	156	157	158	159	160
161	162	163	164	165	166	167	168	169	170
171	172	173	174	175	176	177	178	179	180
181	182	183	184	185	186	187	188	189	190
191	192	193	194	195	196	197	198	199	200
201	202	203		205	206	207	208	209	210
211	212		214	215	216	217	218		220
221		223	224	225	226	227		229	230
	232	233	234	235	236		238	239	240
241	242	243	244	245		247	248	249	250
251	252	253	254		256	257	258	259	260
261	262	263		265	266	267	268	269	
271	272		274	275	276	277	278		280
281		283	284	285	286	287		289	290
291	292	293	294	295	296		298	299	300
301				305					310
				315				319	320
				325			328		330
331	332	333	334	335	336	337	338	339	340
				345	346				350
				355	356	357	358	359	360
361	362	363	364	365	366				370
		373		375				379	380
	382			385			388	389	390
391				395		397			400
401				405	406				410
	412			415	416			419	420
		423		425	426		428		
			434	435	436	437			
441				445	446				450
				455	456				460
			464	465	466	467			
		473		475	476		478		
	482			485	486			489	
491				495	496			499	500

Das Tausender-Leporello

1 Sieh dir das Tausender-Leporello genau an.

a) Wie viele glatte Hunderterzahlen (100, 200, …) gibt es? Wo stehen sie?

b) Wie unterscheidet sich jede glatte Hunderterzahl von allen anderen Zahlen auf der Seite?

c) Welche Zahl kommt jeweils vor und nach der Hunderterzahl? Schreibe so ins Heft: 99, 100, 101;
199, …

d) Gibt es im Leporello eine Zahl zweimal?

e) Kennst du eine dreistellige Zahl, die im Leporello nicht vorkommt?

2 Zeige alle Zahlen oder ihre Platzhalter, die
a) 3 Einer haben, b) 4 Hunderter haben, c) 7 Zehner haben.
Was fällt dir auf?

Wo findest du die Zahlen auf dem Leporello?

3 Besondere Zahlen. Schreibe sie ins Heft.

a) Zahlen mit 3 gleichen Ziffern (111, 222, …): Wie viele gibt es?

b) Zahlen aus Nachbarziffern:
56, 98, 234, 876, …
Wie viele gibt es?

4 Zeige die Zahlen oder ihre Platzhalter im Leporello. Schreibe die Zahlenfolgen vollständig ins Heft.

a) 38, 39, 40, …, 45
445, 444, 443, …, 438

b) 60, 70, 80, …, 140
440, 430, 420, …, 360

c) 32, 42, 52, …, 112
612, 602, 592, …, 532

d) 83, 183, 283, …, 783
901, 801, 701, …, 1

e) Finde ähnliche Folgen.

5 Lege mit diesen Ziffernkärtchen dreistellige Zahlen. Schreibe sie auf. Zeige im Leporello: Wo liegen die Zahlen? Was fällt dir auf?

a) Wie viele verschiedene Zahlen findest du? Ich habe schon 3!

Verwende auch diese Kärtchen:

b) 9 4 2

c) 3 8 0

d) 6 2 1

e) 5 7 4

6 Nachbarfelder: Welche Zahlen findest du rund um diese Zahlen?

a) 382, 482, 937, 624
b) 55, 555, 333, 666
c) 708, 192, 581, 847
d) 370, 900, 420, 190

Schreibe so ins Heft:

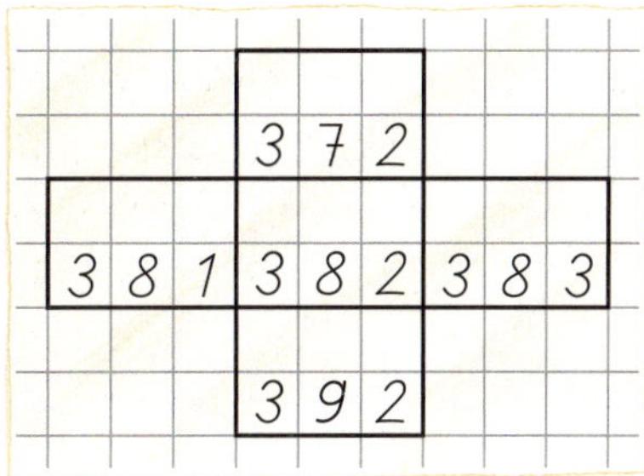

7 Ausschnitte aus dem Tausender-Leporello: Übertrage sie in dein Heft und ergänze alle Zahlen.

a)

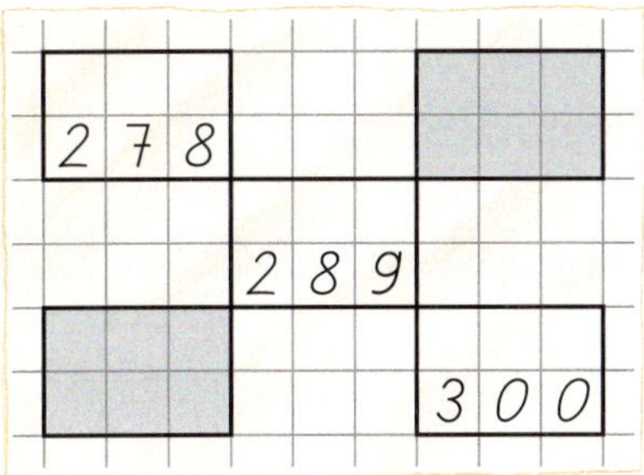

b)

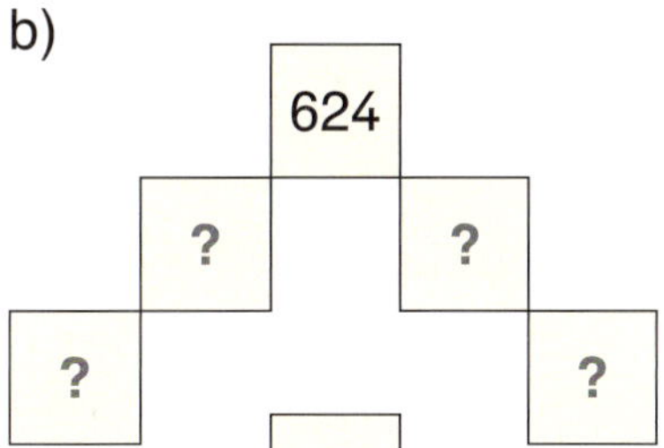

c)

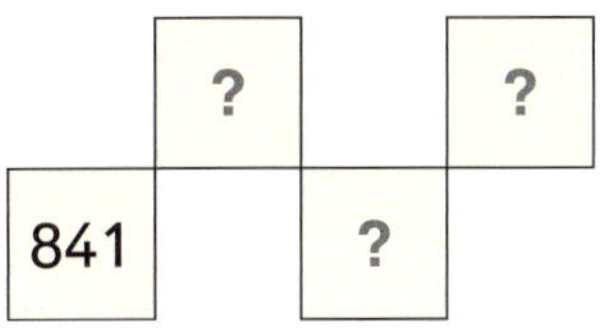

d)

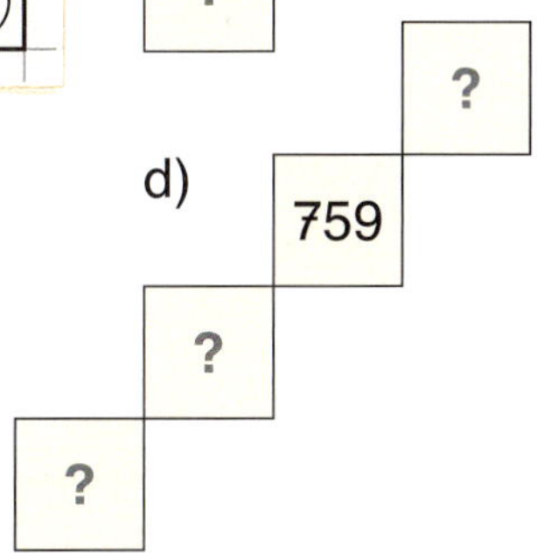

e)

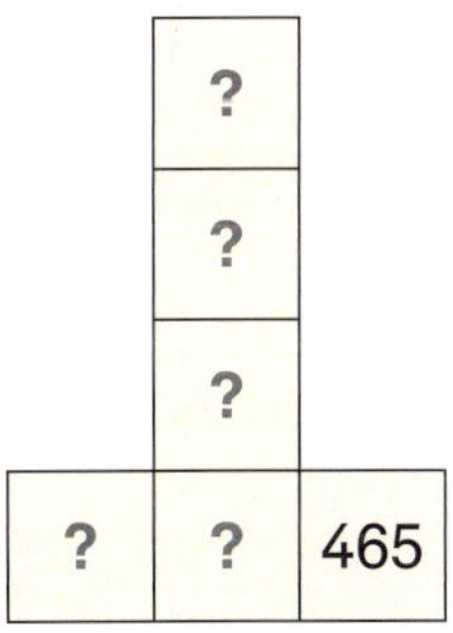

f)

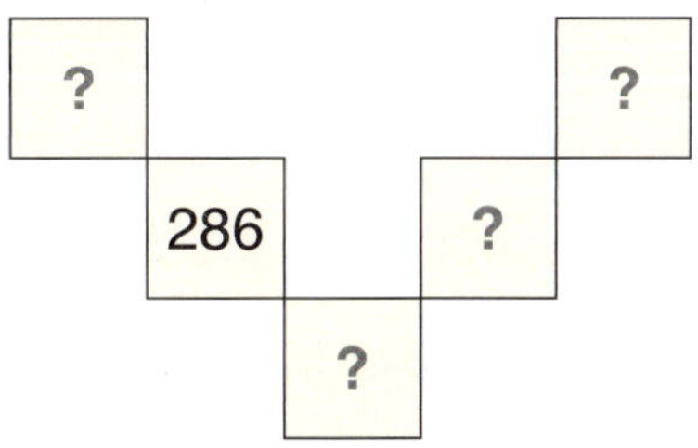

g) Zeichne selbst Ausschnitte und ergänze die Zahlen.

8 Hüpfen im Tausender-Leporello

Starte bei: 82, 45, 78, 36
182, 445, 678, 536
682, 345, 178, 936

a) (+ 1) b) (– 1) c) (+ 10) d) (– 10)

Schreibe so:

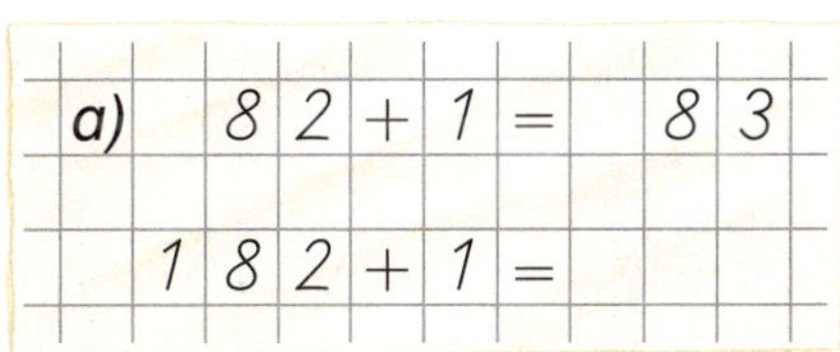

501	502			505				509	510
	512		514	515	516				520
521		523		525			528		530
			534	535		537			
541				545				549	550
551	552	553	554	555	556	557	558	559	560
				565		567			570
571				575			578		
		583		585		587		589	
591				595					600

601									610
								619	620
							628	629	630
631	632	633	634	635	636	637	638	639	640
					646				
				655					
			664						
		673	674						
	682	683	684						
691	692	693	694						700

701		703					708		710
		713					718		
721		723					728		
	732	733		735	736		738		740
		743			746		748	749	
751		753				757	758		760
	762	763		765			768		
771	772	773	774	775	776	777	778	779	780
		783					788		
791		793					798		800

801									
								819	
	822								
831									840
		843							
							858		
			864			867			
871				875	876				880
		883						889	
									900

901	902	903	904	905	906	907	908	909	910
911	912	913	914	915	916	917	918	919	920
921	922	923	924	925	926	927	928	929	930
931	932	933	934	935	936	937	938	939	940
941	942	943	944			947	948	949	950
951	952	953	954			957	958	959	960
961	962	963	964	965	966	967	968	969	970
971	972	973	974	975	976	977	978	979	980
981	982	983	984	985	986	987	988	989	990
991	992	993	994	995	996	997	998	999	1000

AH S. 27/28

① Übertrage in dein Heft und rechne.

a)

·	4	6	9
2			
4			
5			
8			
10			

b)

·	8	3	7
2			
3			
5			
6			
10			

c)

·	8	3	7	6
7				
3				
6				
9				

② Zeichne diese Zahlen ins Heft, schreibe sie in die Stellenwerttafel.

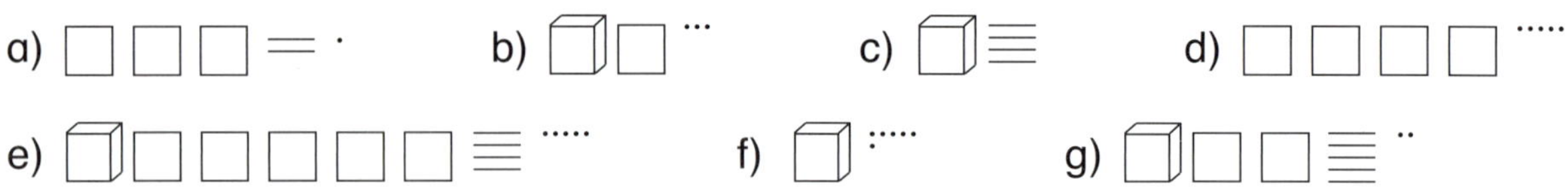

③ Zerlege.

5 9 1 = 5 0 0 + 9 0 + 1

a)	b)	c)	d)
591	673	1017	999
486	927	1100	436
224	555	1111	845

④ a)

1000	
200	
500	
700	
	100
	600

b)

1000		
300	300	
	400	600
500		200
300	100	
100	200	

c) 200 + 300 + 100 = ☐
500 + ☐ + 200 = 800
100 + 400 + ☐ = 1000

d) 1000 – 600 – 200 = ☐
1000 – ☐ – 100 = 500
1000 – 400 – ☐ = 0

⑤ Setze die Zahlenfolgen fort.

a) 336, 339, 342, … 360
b) 872, 878, 884, … 920
c) 553, 548, 543, … 513
d) 770, 763, 756, … 714

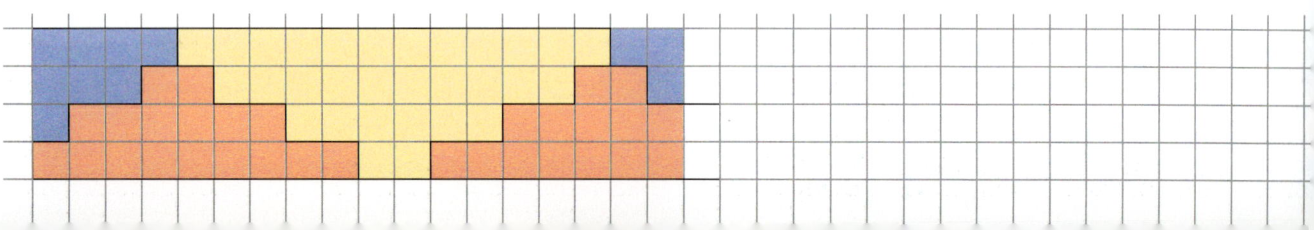

6 Schreibe die Nachbarzahlen auf.

a) Vorgänger und Nachfolger

356, **357**, 358

357   400   799   850   1000   600   929

b) Nachbarzehner

276   524   913   670   400   555   990

c) Nachbarhunderter

652   470   700   1000   198   548   399

7 (<), (>), (=)?

a) 725 ○ 752   908 ○ 98

b) 411 ○ 411   645 ○ 654

c) 809 ○ 890   337 ○ 373

8 Ordne die Zahlen der Größe nach. Verwende (<) oder (>).

a) 57   257   475   457   700   50

b) 234   324   432   342   423   243

c) 605   805   508   506   806   608

9 Ausschnitte aus dem Tausender-Leporello. Zeichne ins Heft und ergänze die Zahlen.

374   813   654   505

10 Zahlenrätsel

Die Zahl hat 3 Hunderter, 8 Zehner und 1 Einer.

Die Zahl hat 3 Zehner, 6 Hunderter und 0 Einer.

Die Zahl hat 4 Hunderter, doppelt so viele Zehner und halb so viele Einer wie Hunderter.

Die Zahl ist größer als 440 und kleiner als 460. Sie hat 3 gleiche gerade Ziffern.

Die Zahl ist ungerade, hat 3 gleiche Ziffern und liegt zwischen 400 und 700.

Symmetrische Figuren herstellen und ...

(1) Falten, schneiden, klappen, klecksen, spiegeln

Faltschnitt

Klecksbild

Klappfiguren

... mit der Nadel

Figuren, die eine Faltachse haben, sind deckungsgleich und symmetrisch. Die Faltachse heißt auch Symmetrieachse.

... mit dem Zauberspiegel

Stelle selbst solche Figuren her. Was haben sie gemeinsam?

(2) Überprüfe mit dem Zauberspiegel. Wo haben die Figuren eine Symmetrieachse?

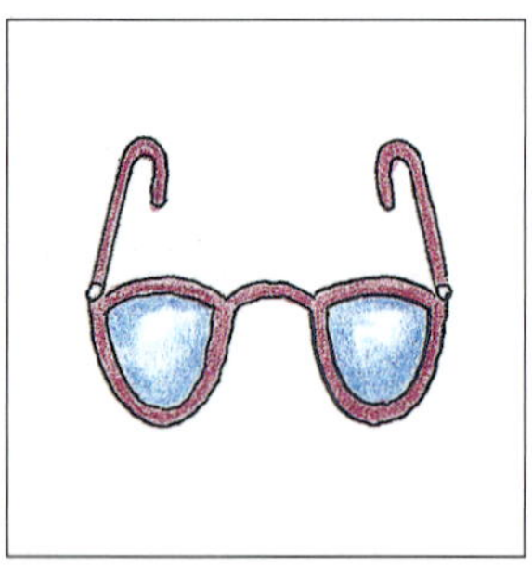

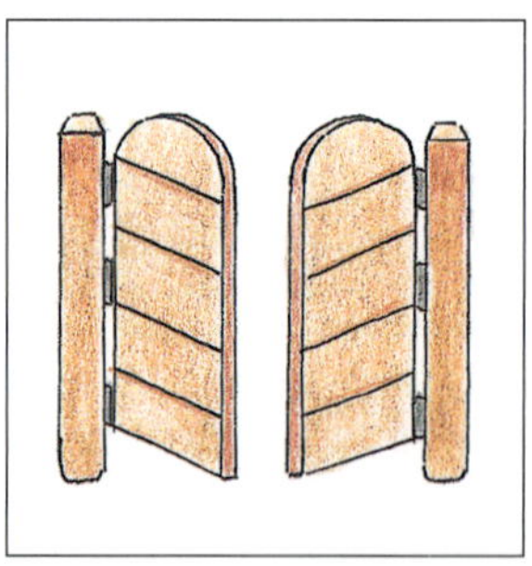

(3) Sind alle Figuren symmetrisch? Überprüfe.

(4) Sind alle Linien Symmetrieachsen? Überprüfe mit dem Zauberspiegel.

A

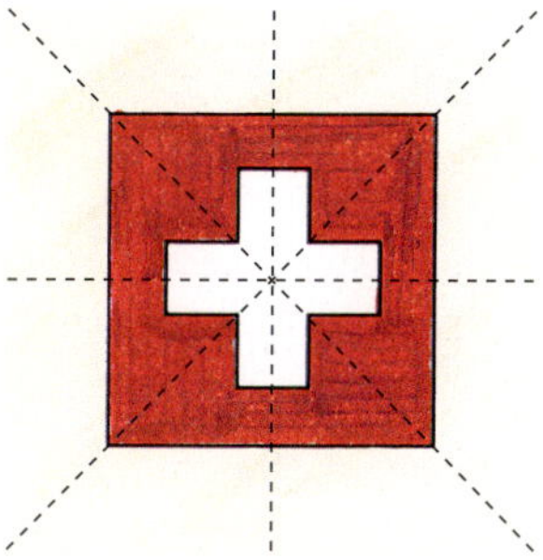

B

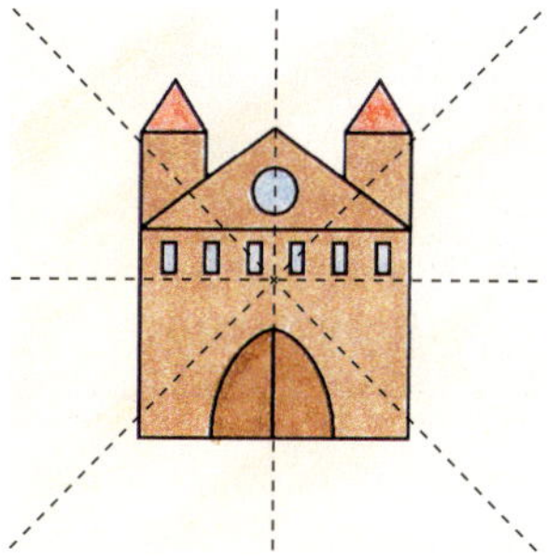

C

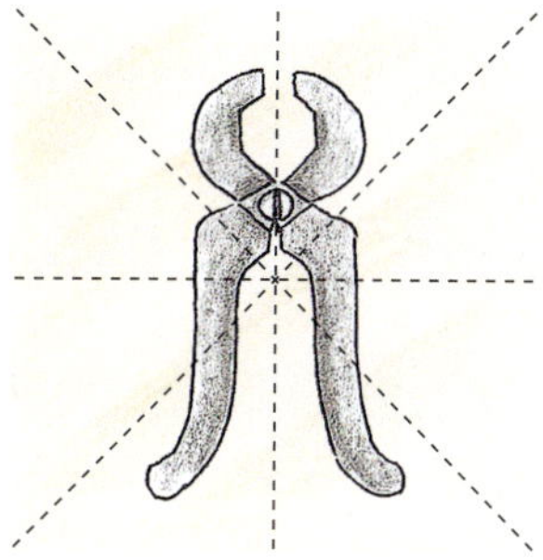

D

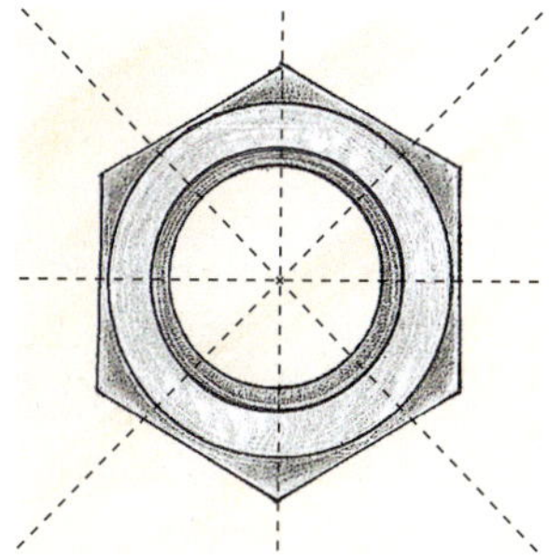

E

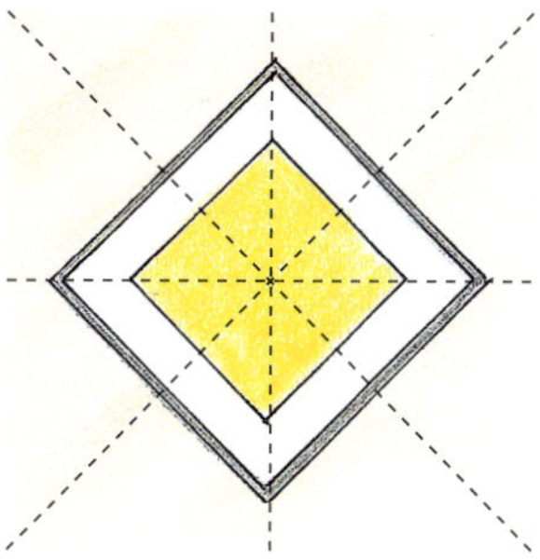

F

G

H

(5) Symmetrisch oder nicht symmetrisch?

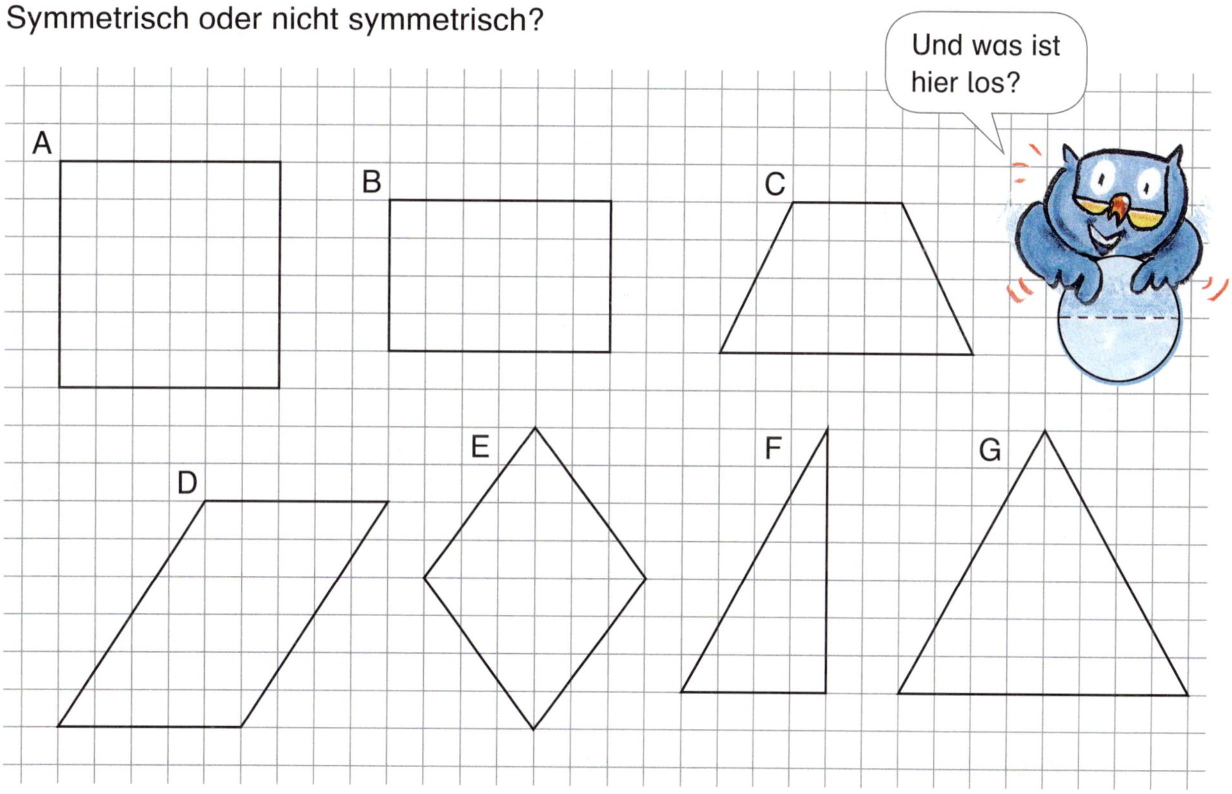

a) Vermute zuerst.
Überprüfe deine Vermutung:
Zeichne dazu die Figuren auf Karopapier.

b) Welche Figur hat die meisten Symmetrieachsen?

c) Zeichne eigene Figuren in dein Heft.
Trage die Spiegelachsen ein.

Figur	Symmetrieachsen
A	
B	

Bilder erspiegeln

AH S. 30

① a) Stelle den Spiegel so hin, dass diese Bilder entstehen.

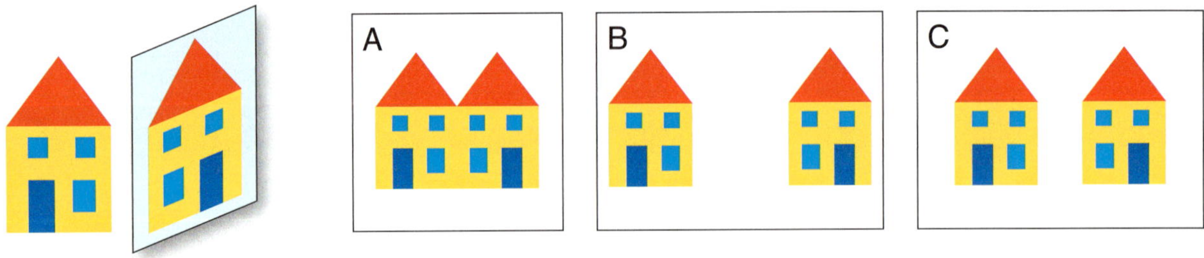

b) Kannst du auch diese Bilder erspiegeln?

② Neue Startfiguren. Erspiegle auch diese Bilder.

a)

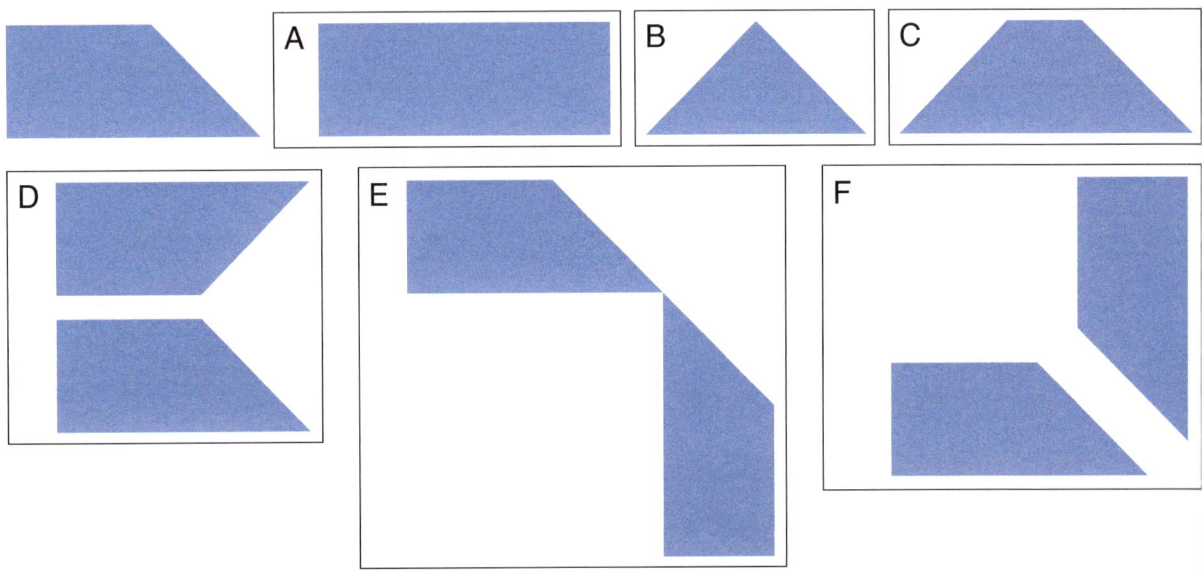

☆ b)

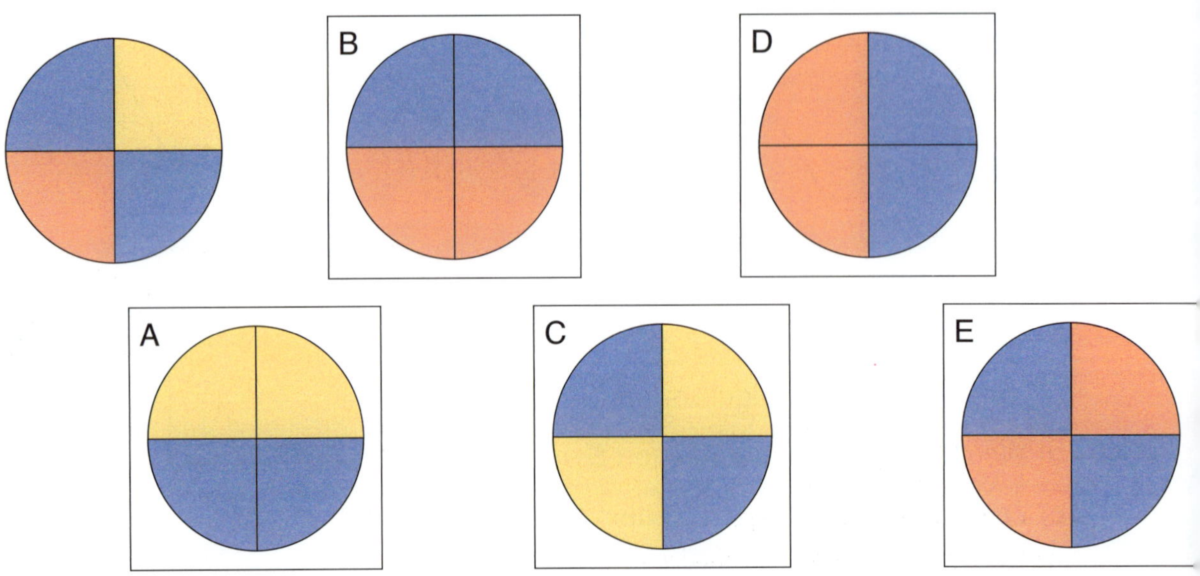

③ a) Zeichne die Figuren in dein Heft. Spiegle sie an der Symmetrieachse.

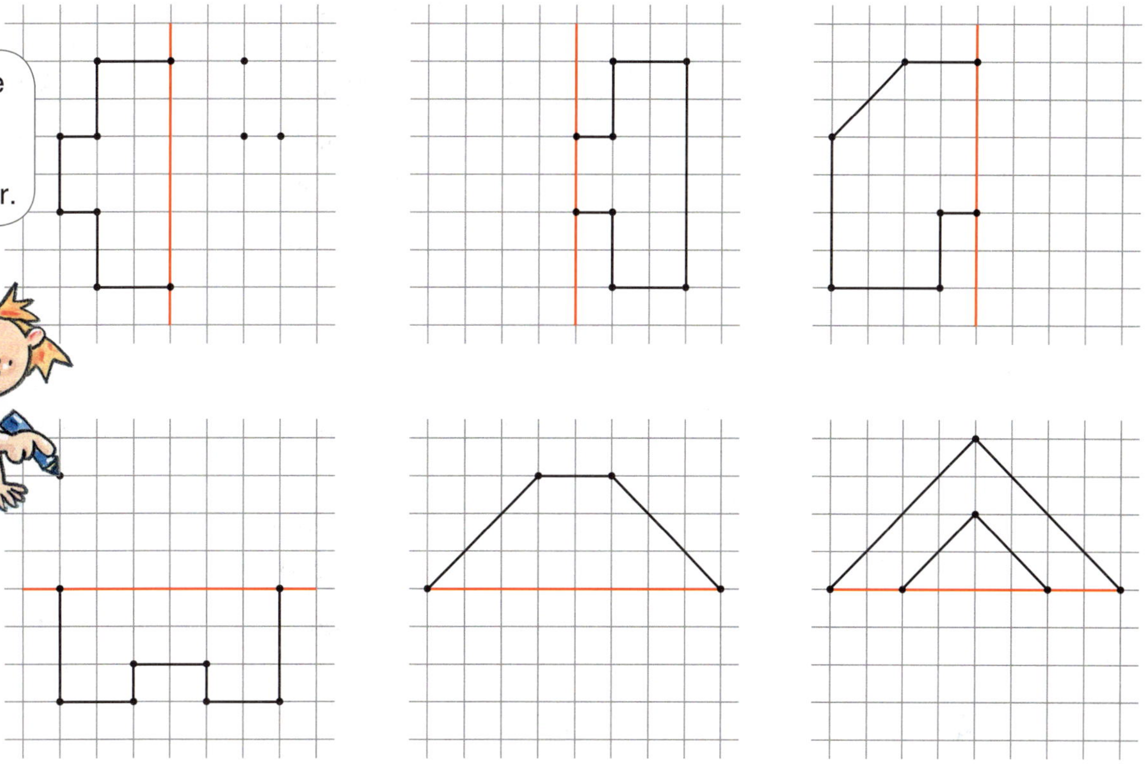

b) Was ist hier anders?

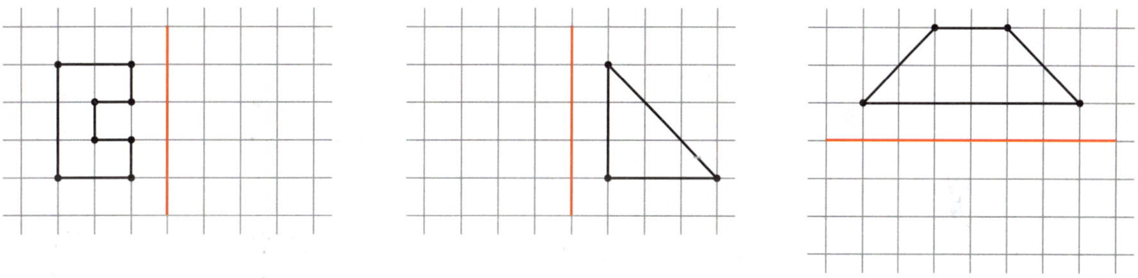

c) Denke dir eigene Figuren aus und spiegle sie.

④ Was ist hier falsch? Zeichne die Figuren richtig ins Heft.

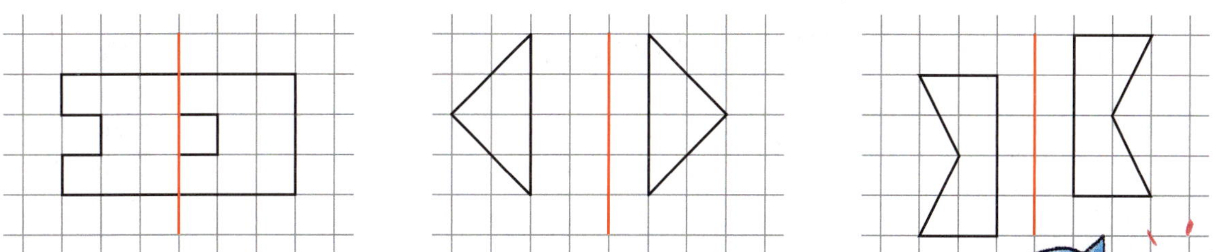

⑤ Was wäre, wenn ...

a) Schreibt eure Vermutungen auf.
b) Lege den Spiegel so an, dass sinnvolle Dinge entstehen.
c) Erfinde selbst ein Unsinnsding.

Geldscheine

AH S. 31

Euroscheine sehen in allen europäischen Ländern gleich aus. Fenster, Türen und Tore zeigen, wie die Menschen zu verschiedenen Zeiten gebaut haben.

Jeder Euroschein hat über 10 Sicherheitsmerkmale. Dazu gehören das Wasserzeichen und der eingearbeitete Metallfaden.
www.eiz-niedersachsen.de/786.html

(1) Was haben alle Scheine noch gemeinsam?
Worin unterscheiden sie sich? Vergleiche.

(2) Schau in Katalogen nach.
Was könntest du für 50 €, 100€, ... kaufen?

(3) Wie viel Geld ist es?

a) 
b) 
c) 
d) 

Lege selbst Geldbeträge. Dein Partner zählt.

(4) Spiele mit dem Geldsack. Füllt einen Beutel mit eurem Spielgeld.
Jeder Spieler darf dreimal ziehen.
Jeder zählt seine Scheine zusammen.

a) Der größte Betrag gewinnt.
b) Der kleinste Betrag gewinnt.
c) Wer am nächsten an 200 € ist, gewinnt.
d) Überlegt euch weitere Spielregeln.

(5) Legt jeden Betrag mit 3, 4 und 6 Scheinen.

a) 500 € b) 250 € c) 750 € d) 200 € e) 160 € f) 225 €

6 Lege mit möglichst wenigen Scheinen und schreibe so ins Heft:

900 € = 500 € + 200 € + 200 €

a)	b)	c)	d)	e)
900 €	750 €	220 €	170 €	95 €
400 €	250 €	260 €	140 €	35 €
600 €	550 €	120 €	70 €	55 €

7 a) Welche Geldscheine können es sein?

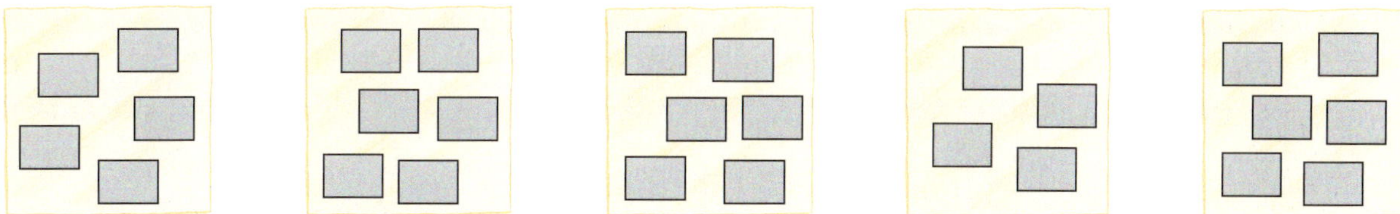

210 € 600 € 100 € 120 € 1000 €

b) Hier gibt es nur eine Lösung.

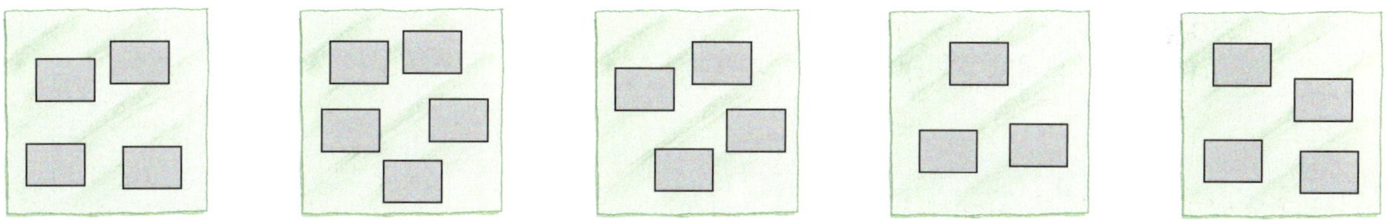

550 € 155 € 75 € 900 € 1000 €

8 Rätsel mit Geldscheinen

a) Ayse hat 4 Geldscheine. Wie viel Geld hat sie mindestens? Wie viel Geld hat sie höchstens?

b) Clara hat

Sie wechselt einen Schein in 3 kleinere Scheine. Welche Scheine hat sie jetzt?

c) Franz hat

Er legt einen Schein weg und nimmt einen größeren. Wie viel Geld könnte er jetzt haben?

d) ?

e) Es gibt nur einen Geldbetrag, den man auf so viele verschiedene Arten legen kann: Mit einem Schein, mit 2 Scheinen, mit 3 Scheinen, ... mit 10 Scheinen. Findest du ihn?

9 Spiel mit Geldscheinen

...

Legt abwechselnd je einen Schein. Wer mit einem Schein zur Summe 1000 € ergänzen kann, hat gewonnen.

AH S. 32

Zahlenfreunde

1 a) Hunderterfreunde sind Zahlen, die zusammen 100 ergeben. Suche die fehlenden Hunderterfreunde.

b) Suche selbst Hunderterfreunde.

2 a) Tausenderfreunde sind Zahlen, die zusammen 1000 ergeben. Suche die fehlenden Tausenderfreunde.

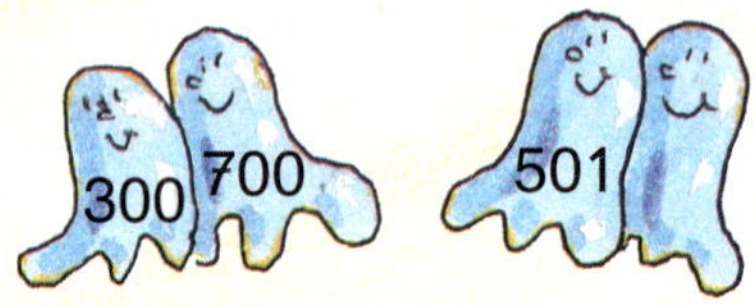

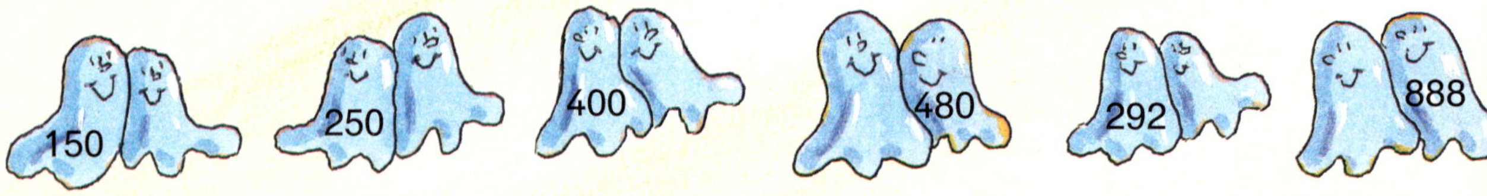

b) Suche selbst Tausenderfreunde.

Aufgabenreihen

3 Setze die Reihen fort.

a)

246 + 100	246 + 10	246 + 1
246 + 200	246 + 20	246 + 2
246 + 300	246 + 30	246 + 3
…	…	…

b)

987 – 100	987 – 10	987 – 1
987 – 200	987 – 20	987 – 2
987 – 300	987 – 30	987 – 3
…	…	…

c) Starte auch mit diesen Zahlen: 462, 574, 682.

Kleine Aufgaben – große Aufgaben

4 Suche viele Aufgaben.

3 + 8

30 + 80	13 + 8
230 + 80	203 + 8
30 + 580	523 + 8
630 + 80	…
130 + 280	
…	

9 – 5

190 – 50	309 – 5
490 – 50	269 – 5
890 – 150	429 – 15
…	…

Auf die Stellen achten

5 Bilde Rechnungen mit den Karten. Achte auf die Stellen.

300 | 800 | 600 | 80 | 70 | 20 | 8 | 2 | 5

300 + 80 = 380

300 + 8 =

800 + 70 =

Suche dir eigene Karten und bilde ebenfalls Aufgaben.

Von leichten zu schwierigen Aufgaben

6 Beginne mit der leichten Aufgabe.

a)	b)	c)	d)
376 + 29	415 + 98	356 – 39	298 – 98
376 + 30	415 + 99	356 – 40	299 – 98
376 + 31	415 + 100	356 – 41	300 – 98
376 + 32	415 + 101	356 – 42	301 – 98
376 + 33	415 + 102	356 – 43	302 – 98

7

a)	b)	c)	d)
500 – 200	70 – 60	5 – 4	8 – 6
530 – 200	270 – 60	605 – 4	68 – 6
534 – 200	273 – 60	685 – 4	688 – 6

e) Erfinde selbst solche Aufgaben.

8 Aus leichten Aufgaben schwierige Aufgaben machen.
Verändere jetzt beide Zahlen.

a)	b)	c)	d)
800 – 500	200 + 600	600 – 200	400 + 300
830 – 500	260 + 600	680 – 200	440 + 300
830 – 520	260 + 670	680 – 290	440 + 370
839 – 520	…	…	…
839 – 526			

e) Erfinde selbst Aufgabenreihen.
Beginne mit einer einfachen Aufgabe.

Rechnen mit Zwischenstopp ⊕

AH S. 33

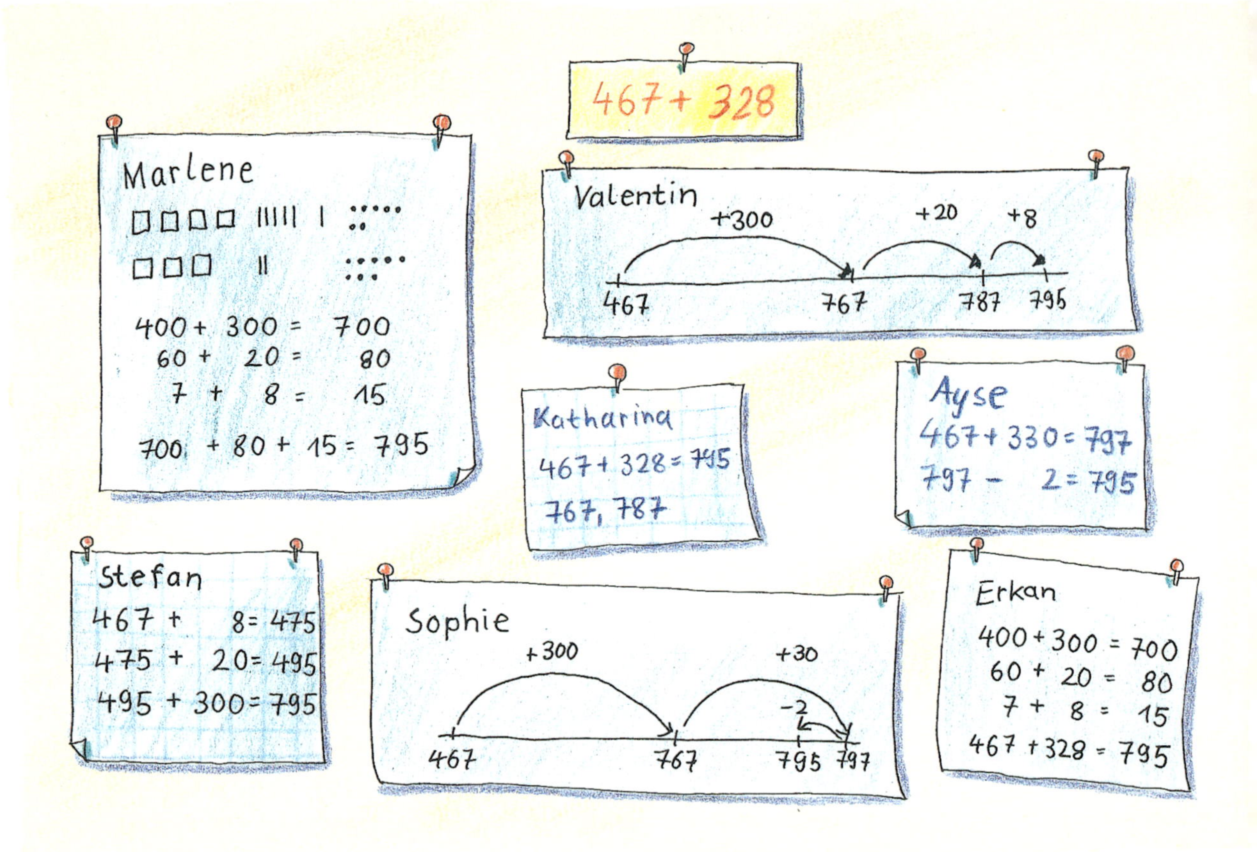

1. Wie rechnest du?

2. Beschreibe die Rechenwege der Kinder.
Welche Erklärung passt zu welcher Aufgabe?

Hunderter plus Hunderter
Zehner plus Zehner
Einer plus Einer

Erst plus Hunderter,
dann plus Zehner,
dann plus Einer

Erst plus Einer,
dann plus Zehner,
dann plus Hunderter

plus Hunderter,
plus glatte Zehner,
minus zu viel berechnete Einer

3. Löse auf deinem Weg. Schreibe deinen Rechenweg auf und erkläre.

a)	b)	c)	d)
624 + 258	368 + 425	624 + 247	264 + 427
719 + 176	248 + 642	436 + 328	346 + 382
265 + 627	157 + 435	417 + 544	147 + 454
385 + 527	562 + 179	336 + 188	559 + 266
299 + 423	348 + 566	577 + 143	373 + 188

4 Aus Fehlern kannst du lernen.
Finde die Fehler.

464 + 358

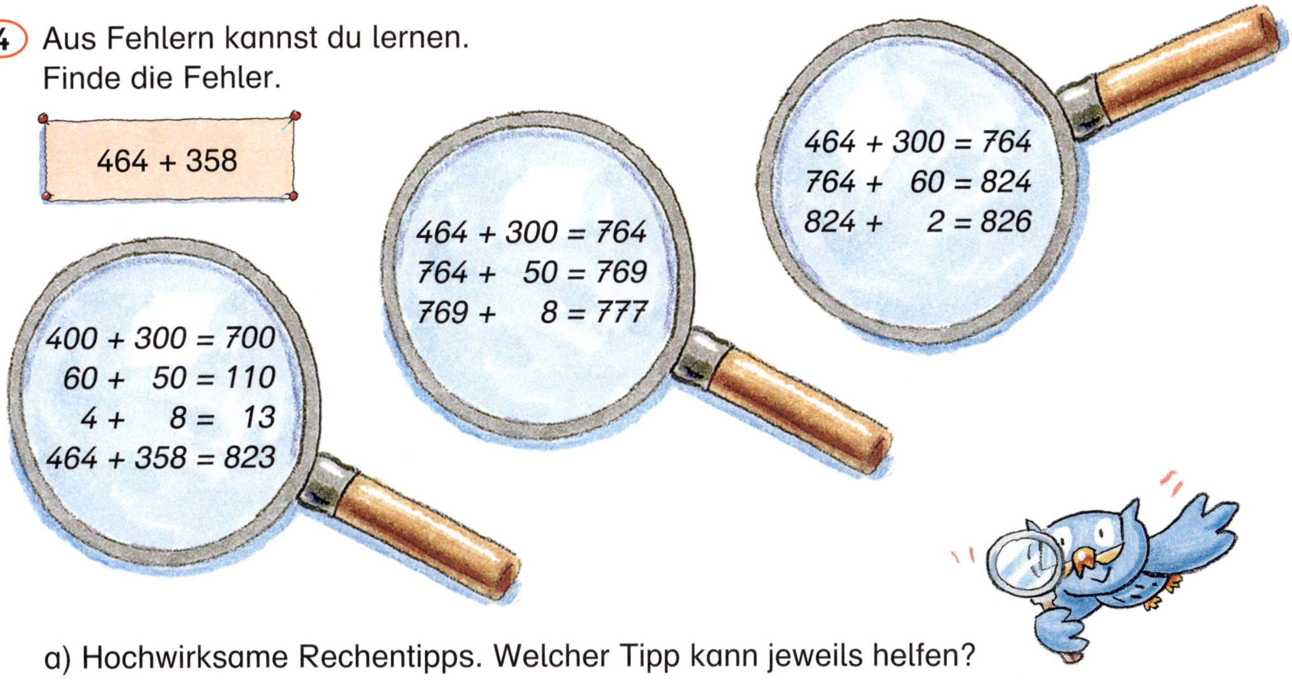

a) Hochwirksame Rechentipps. Welcher Tipp kann jeweils helfen?

Auf die Stellen achten	Plusaufgaben bis 20 üben	⊕ und ⊖ nicht verwechseln	Am Rechenstrich rechnen

b) Rechne richtig.

5 Nahe am vollen Hunderter

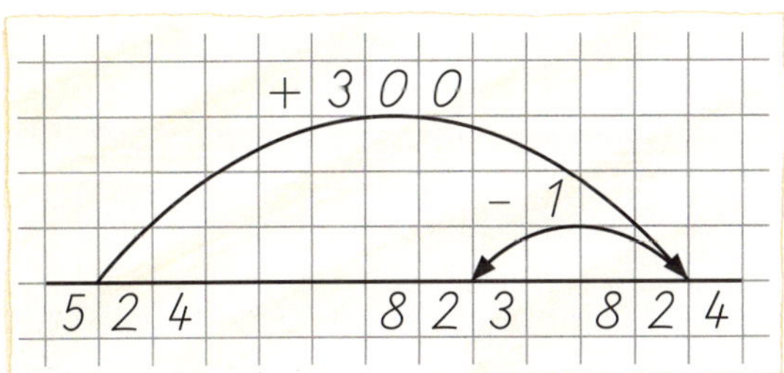

a) 524 + 299	b) 632 + 198	c) 636 + 298
686 + 197	478 + 399	268 + 489
355 + 496	143 + 597	462 + 199
236 + 698	344 + 97	713 + 198

6 Nutze den Vorteil. Rechne mit glatten Hundertern.

a) 254 + 399	b) 276 + 396	c) 298 + 158	d) 654 + 198
536 + 197	199 + 634	412 + 399	248 + 398
255 + 496	426 + 298	578 + 197	495 + 378

7 Löse auf deinem Weg. Schreibe deinen Rechenweg auf.
Nutze Rechenvorteile.

a) 264 + 285	b) 497 + 265	c) 536 + 299	d) 248 + 498
478 + 369	253 + 398	179 + 355	529 + 162
399 + 613	249 + 501	485 + 245	479 + 354
487 + 498	418 + 392	163 + 724	249 + 284

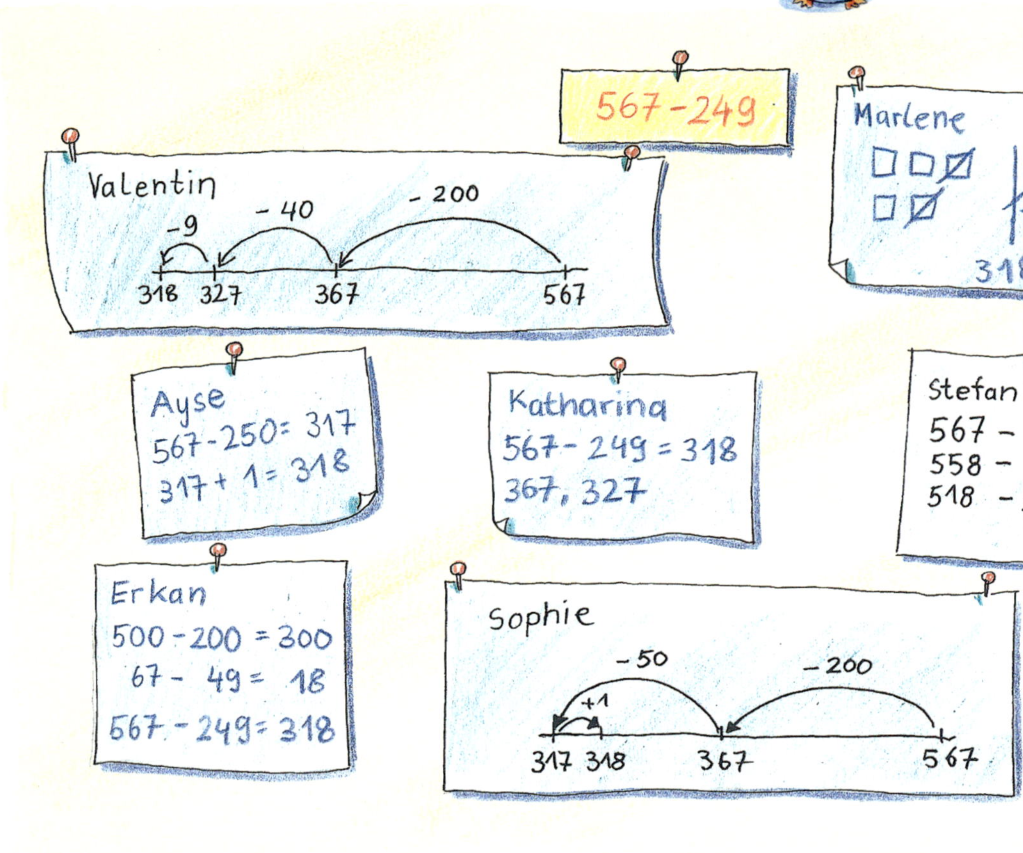

1 Wie rechnest du?

2 Beschreibe die Rechenwege der Kinder.
Welche Erklärung passt zu welcher Aufgabe?

Hunderter minus Hunderter
ZE minus ZE

Erst minus Hunderter,
dann minus Zehner,
dann minus Einer

Erst minus Einer,
dann minus Zehner,
dann minus Hunderter

minus Hunderter
minus glatte Zehner,
plus zu viel berechnete Einer

3 Löse auf deinem Weg. Schreibe deinen Rechenweg auf und erkläre.

a)	b)	c)	d)
654 – 228	543 – 139	672 – 265	762 – 625
776 – 119	682 – 254	372 – 245	732 – 425
665 – 227	791 – 167	594 – 368	954 – 863
824 – 657	514 – 284	623 – 481	594 – 367
248 – 163	865 – 459	924 – 564	671 – 482

4 Aus Fehlern kannst du lernen.
Finde die Fehler.

546 – 352

a) Hochwirksame Rechentipps. Welcher Tipp kann jeweils helfen?

Auf die Stellen achten	Minusaufgaben bis 20 üben	⊕ und ⊖ nicht verwechseln	Bei ⊖ Zahlen nicht vertauschen

b) Rechne richtig.

5 Nahe am vollen Hunderter.

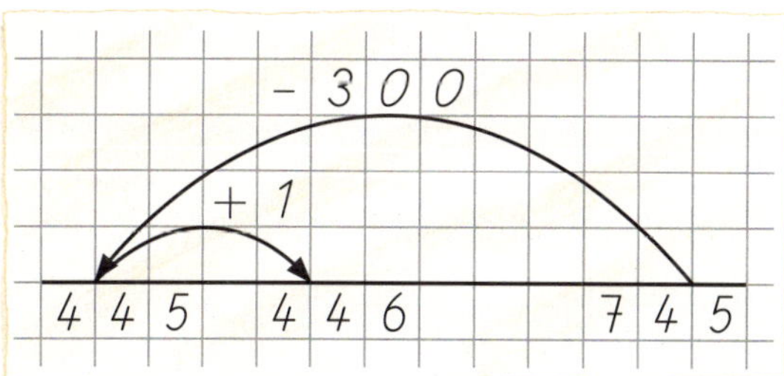

a)	b)	c)
745 – 299	652 – 398	564 – 398
964 – 597	574 – 299	847 – 699
462 – 198	864 – 197	723 – 195

6 Nutze den Vorteil. Rechne mit glatten Hundertern.

a)	b)	c)	d)
623 – 299	655 – 299	615 – 499	842 – 199
723 – 399	665 – 298	615 – 498	841 – 199
823 – 499	675 – 297	615 – 497	840 – 199

7 Löse auf deinem Weg. Schreibe deinen Rechenweg auf.
Nutze Rechenvorteile.

a)	b)	c)	d)
564 – 285	497 – 265	536 – 299	725 – 681
478 – 369	753 – 398	779 – 355	521 – 349
348 – 279	324 – 268	884 – 657	257 – 198
527 – 397	598 – 399	924 – 365	724 – 649

Hier siehst du zwei berühmte Bauwerke.
Sie wurden etwa zur gleichen Zeit um 1920 gebaut.

Das Gebäude war das Wohnhaus des berühmten Künstlers Wassily Kandinsky. Es steht in Dessau.

Der Turm steht in Potsdam. Er dient als Sternwarte. Er ist nach dem berühmten Physiker Albert Einstein benannt.

(1) Vergleicht beide Gebäude. Mit welchen Begriffen kannst du die Villa beschreiben, mit welchen den Turm?

Rechte Winkel | Runde Formen | wenige Ecken | Quadrate und Rechtecke | viele Ecken

(2) Erinnerst du dich noch an den Eckenmesser?
So kannst du einen rechten Winkel herstellen.

Suche an den Gebäuden rechte Winkel. Überprüfe mit dem Eckenmesser.

(3) Sucht andere Gegenstände, mit denen ihr gut rechte Winkel messen könnt.

a) Wo findet ihr rechte Winkel …
- an eurem Schulgebäude?
- in eurer Klasse?

Schreibt auf.

b) Wo findest du rechte Winkel …
- auf dem Heimweg?
- bei dir zu Hause?

Schreibe auf.

4 Rechte Winkel?

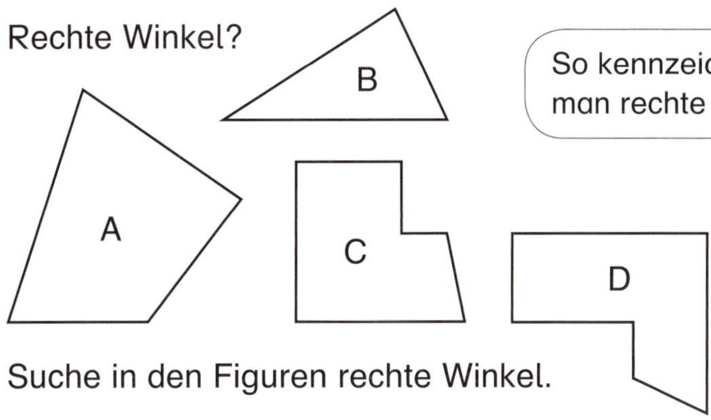

Figur	Rechte Winkel
A	

Suche in den Figuren rechte Winkel.

5 Rechte Winkel zeichnen und markieren.

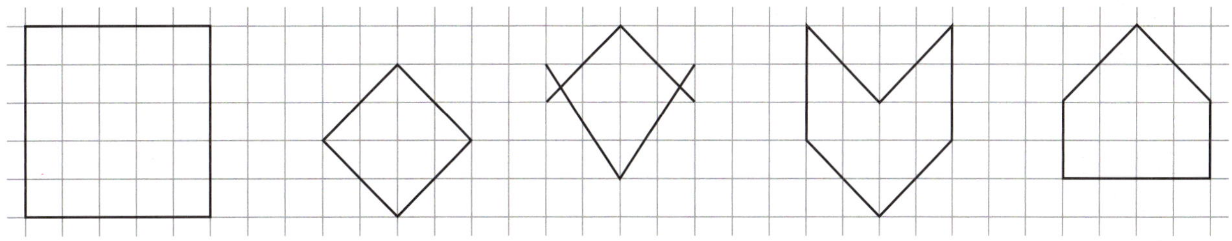

a) Zeichne die Flächen in dein Heft und markiere die rechten Winkel.

b) Zeichne selbst Figuren. Markiere die rechten Winkel.

c) Zeichne ...
- ein Fünfeck mit 3 rechten Winkeln,
- ein Viereck mit 2 rechten Winkeln,
- ein Viereck mit 4 rechten Winkeln.

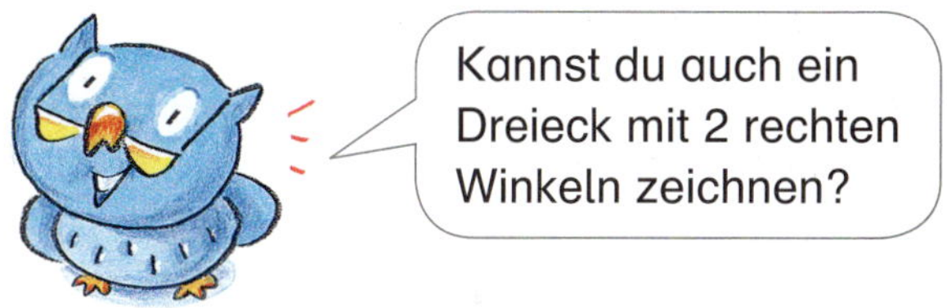

6 Richtig oder falsch?
Schreibe nur die Sätze ins Heft,
die richtig sind.
- Eine Figur, die 4 rechte Winkel hat, ist immer ein Quadrat.
- Ein Rechteck hat 4 rechte Winkel.
- Ein Dreieck hat mindestens einen rechten Winkel.
- Ein Quadrat hat 4 rechte Winkel.

7 Betrachtet das Bild von Theo van Doesburg.

a) Was fällt euch auf?

b) Welchen Namen würdet ihr dem Bild geben?

c) Sucht im Internet nach ähnlichen Bildern des Künstlers.

d) Gestaltet ein ähnliches Bild.
Macht eine Ausstellung.

Theo van Doesburg: Komposition in Dissonanzen

AH S. 36

Am Geobrett: Flächen – Umfang – Symmetrie

1 Welche Fläche ist die größte? Vermute.

A B C D

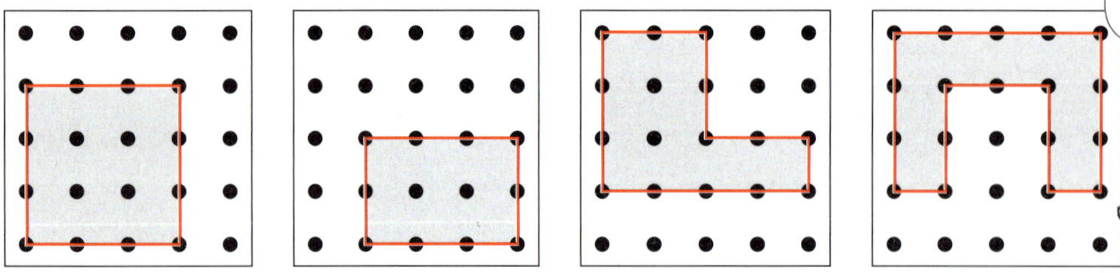

E F G

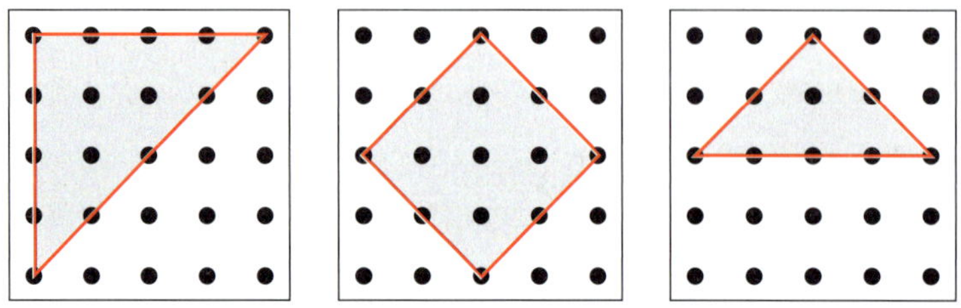

a) Miss die Flächen mit kleinen Quadraten.

Figur	Fläche
A	9 □
B	□

b) Spanne weitere Figuren. Zeichne sie ins Heft. Miss die Flächen.

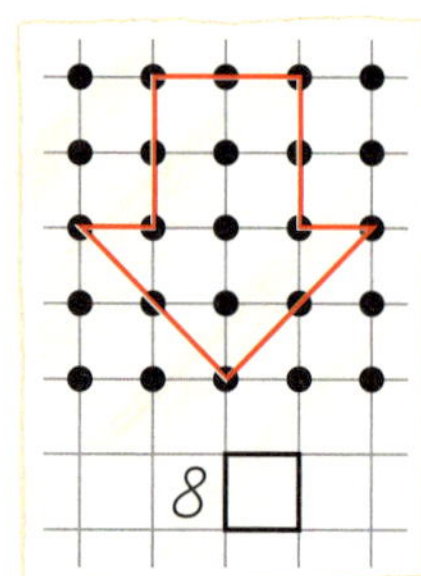

2 Flächen vergleichen

A B C D

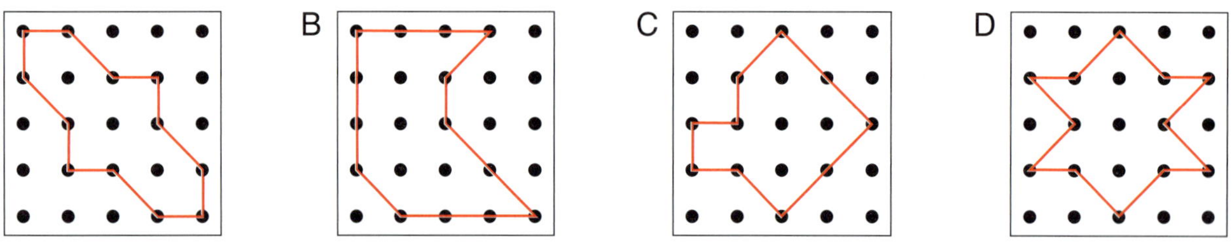

a) Welche Flächen sind gleich groß?
Vermute zuerst, miss dann mit kleinen Quadraten aus. Schreibe auf wie bei **1**.
b) Spanne Figuren mit 5, 6 oder 7 Quadraten. Zeichne sie auf.

3 Figuren symmetrisch ergänzen

a) A B C D

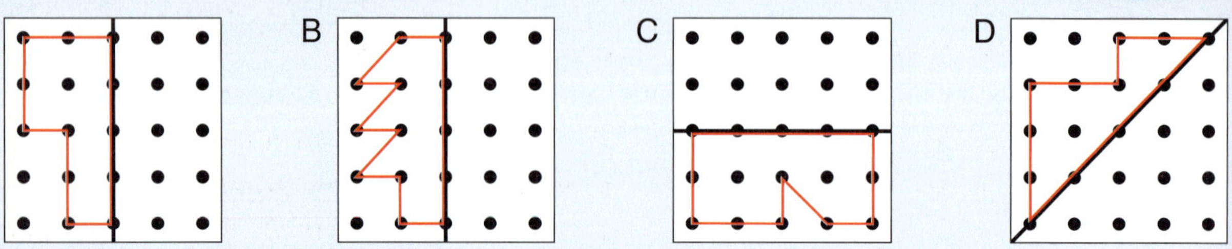

④ Umfang bestimmen

A B C

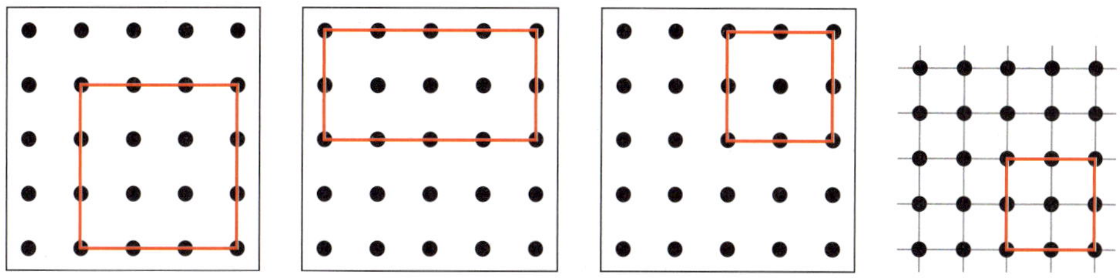

D E F G

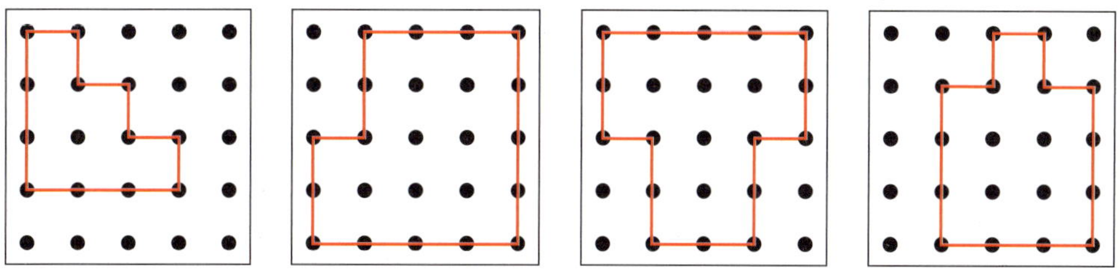

a) Gib den Umfang in Kästchenlängen (KL) an.

b) Spanne weitere Figuren.
Zeichne sie ins Heft.
Miss den Umfang.

Figur	*Umfang (KL)*
A	*12*

⑤ Welche Figuren haben den gleichen Umfang?

A B C D

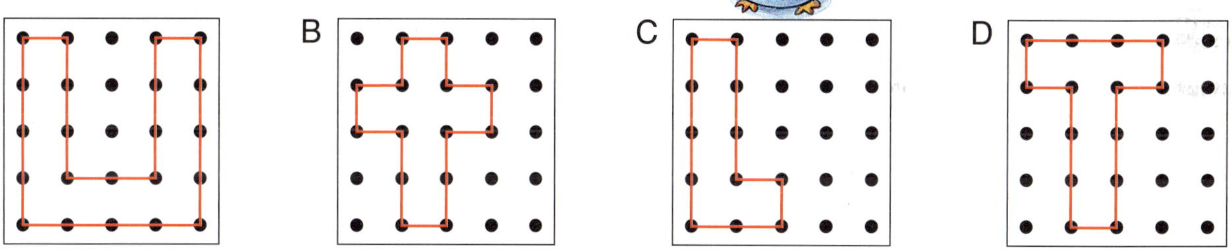

⑥ Spanne verschiedene rechtwinklige Figuren, deren Umfang 10, 12, 14 Kästchenlängen beträgt. Findest du auch eine Figur mit der Kästchenlänge 11?

E F G H

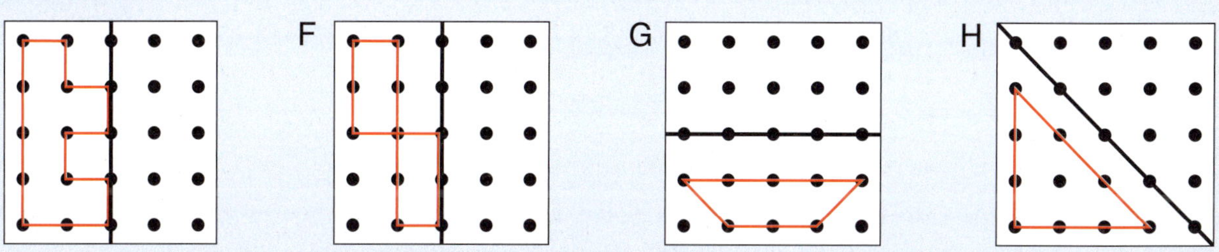

b) Spanne eigene Figuren. Ergänze sie symmetrisch. Zeichne sie auf.

AH S. 37

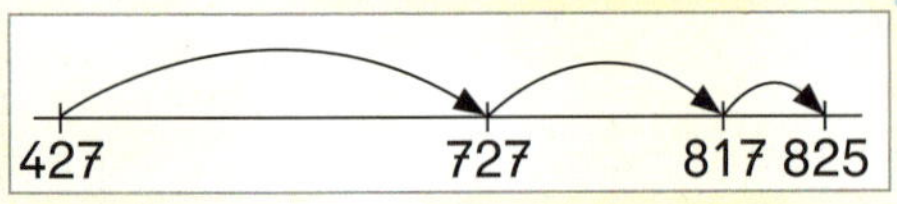

427 + 300 = 727
727 + 90 = 817
817 + 8 = 825

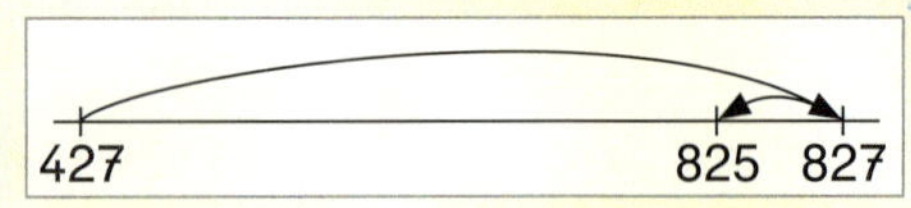

427 + 400 = 827
827 − 2 = 825

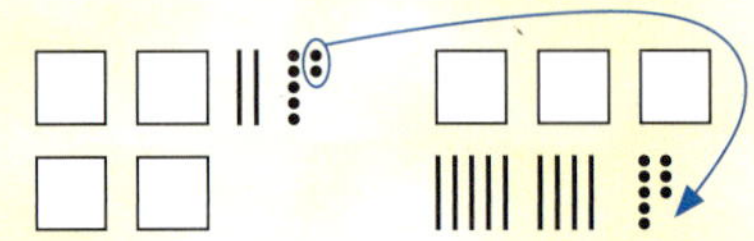

1 Bim und Simsala haben verschiedene Rechentricks verwendet.

a) Erkläre, wie sie funktionieren.

b) Probiere diese Tricks auch hier. Zeichne und rechne.

349 + 497 = ☐	366 + 99 = ☐	238 + 399 = ☐
299 + 455 = ☐	401 + 298 = ☐	497 + 432 = ☐

465, 637, 699, 754, 846, 929

c) Welche dieser Aufgaben lassen sich gut mit einem Trick lösen, welche nicht?

227 + 198 = ☐	625 + 297 = ☐	184 + 132 = ☐
634 + 118 = ☐	698 + 146 = ☐	114 + 298 = ☐

316, 412, 425, 752, 844, 922

2 Die Tricks funktionieren auch bei Minusaufgaben: Aber wie? Zeichne und rechne.

a)

912 − 499 = ☐	419 − 298 = ☐	829 − 196 = ☐
657 − 296 = ☐	364 − 199 = ☐	568 − 397 = ☐

121, 165, 171, 361, 413, 633

b) Welche dieser Aufgaben lassen sich gut mit einem Trick lösen, welche nicht?

476 − 198 = ☐	654 − 399 = ☐	729 − 572 = ☐
825 − 323 = ☐	362 − 97 = ☐	941 − 599 = ☐

157, 255, 265, 278, 342, 502

3 Finde selbst Aufgaben, bei denen die Tricks funktionieren.
Dein Partner rechnet.

4 Ein neuer Trick: Ergänzen.

a) 300 – 299 = ☐ 1000 – 997 = ☐

702 – 698 = ☐ 601 – 598 = ☐

b) Schau genau!
Warum kannst du diese Aufgaben gut durch Ergänzen lösen?

886 – 884 = ☐ 436 – 431 = ☐ 535 – 531 = ☐

793 – 792 = ☐ 681 – 680 = ☐ 268 – 261 = ☐

c) Finde selbst solche Aufgaben.

5 Kleiner Unterschied

398 599 710 699 396 397 702

707 592 392 603 700 595

Bilde aus diesen Zahlen Minusaufgaben mit einem Ergebnis, das kleiner als 10 ist.

6 Kann das stimmen? Manche Fehler erkennst du schnell.

a)	b)	c)
601 – 598 = 3	300 + 597 = 897	400 – 296 = 105
653 + 190 = 853	756 – 399 = 357	286 + 290 = 576
475 – 190 = 285	204 – 197 = 8	200 + 599 = 799
498 + 99 = 596	199 + 199 = 498	

Fünf Ergebnisse sind falsch. Berichtige sie.

7 Wie kommst du zum …?

a) Ergebnis 6

499 704 495 513 507 696 702 501 698 505 692 690

698 – 692 = 6

b) Ergebnis 499

500 3 99 100 801 700 2 903 399 4 600 502 1 400 200

400 + 99 = 499

1

a) Berechne die Mauer.

b) Erhöhe nun jeden Grundstein um 1.
Berechne die Mauer wieder.
Wie verändert sich der Zielstein?

c) Erhöhe die Grundsteine jetzt um 2.
Wie groß ist die Zahl im Zielstein?

d) Erkennst du ein Muster?
Erkläre.

2 Zielsteine erreichen

a) Um wie viel musst du die Grundsteine erhöhen, um den Zielstein 48 (60, 80, 100) zu erhalten?

b) Kannst du die Grundsteine auch gleichmäßig verkleinern, um den Zielstein 32 zu erhalten?

c) Welches ist der kleinstmögliche Zielstein, den du durch gleichmäßiges Verkleinern der Grundsteine erhalten kannst?

3 Vierermauern

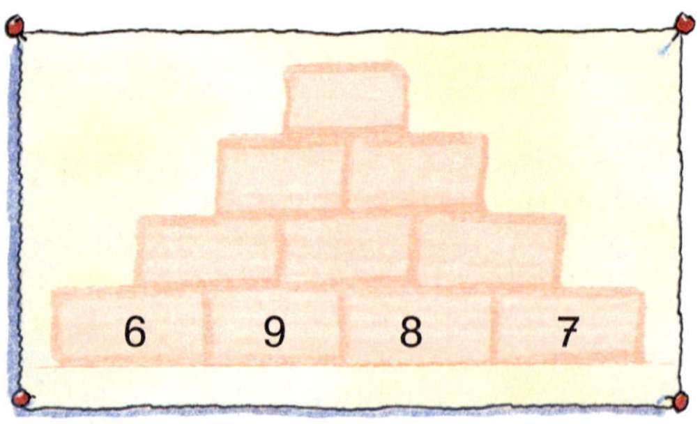

a) Berechne die Mauer.

b) Erhöhe nun jeden Grundstein um 1.
Berechne die Mauer wieder.
Wie verändert sich jetzt der Zielstein?
Erkläre.

c) Kannst du die Grundsteine gleichmäßig so verändern, dass du den Zielstein 80, 120, 144 erhältst?

☆ d) Kannst du auch den Zielstein 1000 erreichen?

4 Mauern mit vielen 5ern.
Erfinde eine Rechenmauer, in der möglichst oft die Ziffer 5 vorkommt.

1	2	3	4	5	6	7	8	9	10
11	12	13	14	15	16	17	18	19	20
21	22	23	24	25	26	27	28	29	30
31	32	33	34	35	36	37	38	39	40
41	42	43				47	48	49	50
51	52	53		55		57	58	59	60
61	62	63		65		67	68	69	70
71	72	73		75		77	78	79	80
81	82	83				87	88	89	90
91	92	93	94	95	96	97	98	99	100

5 Lege das Fenster auf die Hundertertafel.
Zähle die Zahlen im Fenster zusammen.
Suche das kleinste und das größte Ergebnis.

6 Rechnungen mit 44
Lege das Fenster so auf die Hundertertafel, dass die 44 zu sehen ist.
a) Wie viele verschiedene Rechnungen findest du?
Schreibe sie auf. Drehe das Fenster auch.
b) Welches Ergebnis ist das größte, welches das kleinste?
c) Probiere es auch mit der Zahl 75.

7 Fenster verschieben
Lege das Fenster auf die Hundertertafel.
Zähle die Zahlen zusammen, notiere die Rechnung.
a) Verschiebe das Fenster jetzt um ein Feld nach unten:
Schreibe die Rechnung auf. Wie verändert sich das Ergebnis.
Erkläre.
b) Verschiebe das Fenster auch nach oben, rechts oder links.

8 Gerade – ungerade Zahlen
Lege das Fenster an verschiedenen Stellen auf die Hundertertafel.
Rechne. Manche Ergebnisse sind gerade, andere ungerade.
Kannst du eine Regel aufstellen?

9 Lege das Fenster so, dass in der Mitte diese Zahlen liegen.

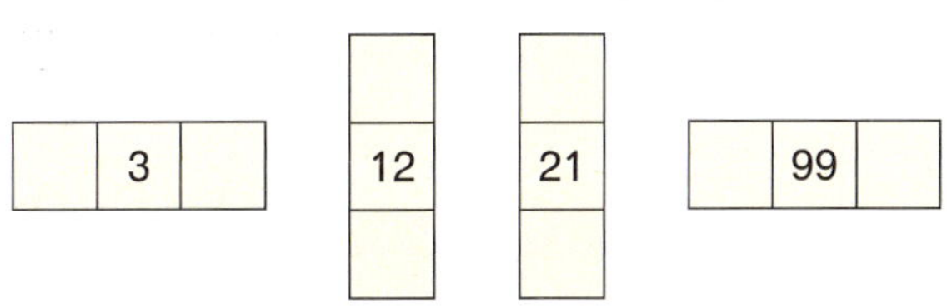

Schreibe die Rechnung auf. Betrachte die mittlere Zahl und die Ergebnisse.
Kannst du eine Regel erkennen? Kannst du sie auch erklären?

10 a) Ergebnis 150
Versuche das Fenster so zu legen, dass die Summe aller 3 Zahlen 150 ist.
b) Versuche auch die Ergebnisse 99, 222 und 204 zu erhalten.

So groß bin ich schon!

1 Vergleiche die Größe der Kinder.
Wie haben sie ihre Größe aufgeschrieben?

2 So werden Längen mit Komma geschrieben.
Erkläre.

m		cm		
Z	E	Z	E	
	1	5	0	= 1,50 m
	1	0	5	= 1,05 m

3 Schreibe die Größe jedes Kindes verschieden auf.
Beginne mit dem größten Kind.

Name	Größe		
Stefan	1 m 50 cm	150 cm	1,50 m
Maria	1 m 41 cm	141 cm	1,41 m

4 Wer will sich in eurer Klasse messen lassen? Schreibt die Größen verschieden auf.

5 So groß sind die Meiers: Schreibe mit Komma.

Mama: 170 cm   Emma: 90 cm   Susi: 109 cm   Oma: 153 cm

Papa: 191 cm   Tobias: 138 cm   Jan: 160 cm   Opa: 180 cm

6 Rätsel zu Familie Meier. Wer sagt was?

Ich bin kleiner als Jan, aber größer als Tobias.

?

Wenn ich noch 19 cm wachse, bin ich so groß wie Susi.

Ich bin 7 cm größer als Oma.

Ich bin zwar der kleinste Junge, aber nicht das kleinste Kind.

Wir beide zusammen sind 8 cm größer als Papa!

Ich bin doppelt so groß wie du.

7 Ergänze die Skizzen und löse die Aufgaben.

a) Anika steigt auf einen Stuhl, der 40 cm hoch ist. Jetzt ist sie genauso groß wie ihre Mutter. Diese ist 175 cm groß. Wie groß ist Anika?

b) Elias ist 1,46 m groß. Klaus ist 10 cm größer als Elias. Hannes ist 1,64 m groß. Wer ist der Größte, wer ist der Kleinste?

8 a) Susi ist 1 m 26 cm groß.
Ihre Freundin Tanja ist 4 cm kleiner als sie.
Sarah ist 6 cm größer als Tanja.
Welches ist das größte, welches das kleinste Mädchen?
Wie groß sind Tanja und Sarah?

b) Peter ist 1 m 36 cm groß.
Er ist kleiner als Thomas.
Wenn er sich aber auf eine 20 cm hohe Kiste stellt, sind beide Buben gleich groß.
Wie groß ist Thomas?

c) Familie Huber hat 3 Kinder.
Christian ist 1,55 m groß.
Wenn sich Corinna auf eine Kiste mit 25 cm Höhe stellt, ist sie genauso groß wie ihr Bruder.
Mateja muss schon auf einem Tischchen stehen, damit sie so groß ist. Der Tisch ist 68 cm hoch.
Wie groß sind Corinna und Mateja?

☆ d) Tobias ist 72 cm groß.
Er ist 21 cm kleiner als seine Schwester Anja.
Tobias und Anja sind zusammen genauso groß wie ihre Mutter.
Anja ist halb so groß wie Vater.
Wie groß sind Anja, Vater und Mutter?

☆ e) Wenn meine Mutter 7 cm hohe Absätze trägt, ist sie so groß wie Vater.
Ohne Absätze ist sie 42 cm größer als ich.
Ich bin mit 1 m 30 cm der Kleinste in unserer Familie.
Wie groß sind Vater und Mutter?

AH S. 40

Ist der Zylinder ebenso hoch wie breit?

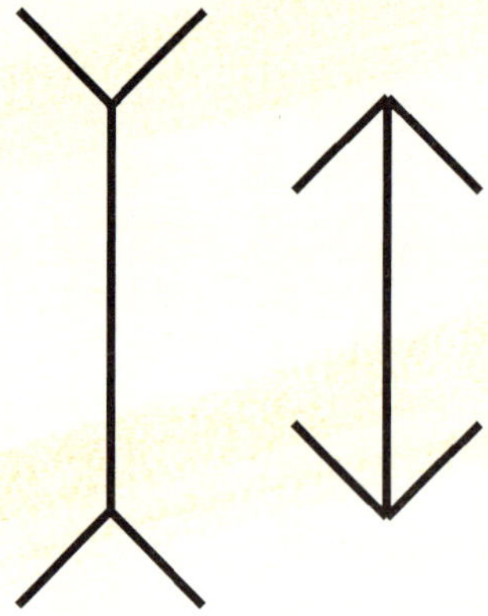

Sind die Striche gleich lang?

Von Schnabel zu Schnabel: Welches rote Band ist länger?

(1) Beantworte die Fragen. Miss genau nach. Hattest du Recht?

Um genau messen zu können, brauchen wir Zentimeter (cm) und Millimeter (mm).

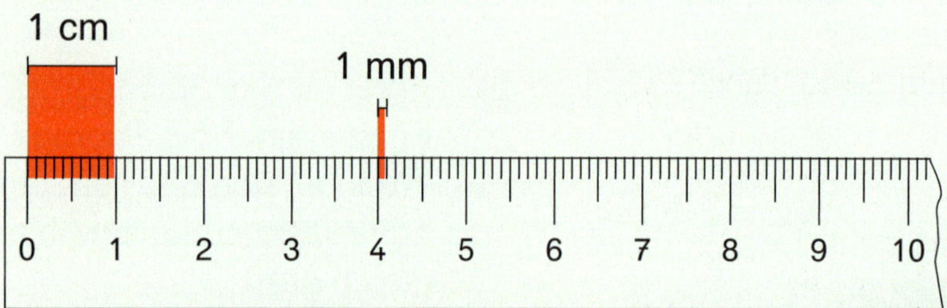

1 cm = 10 mm
10 cm = 100 mm
1 m = 100 cm = 1000 mm

„Milli“ kommt vom lateinischen Wort mille, das heißt 1000. Überlege, warum der Millimeter „Millimeter“ heißt.

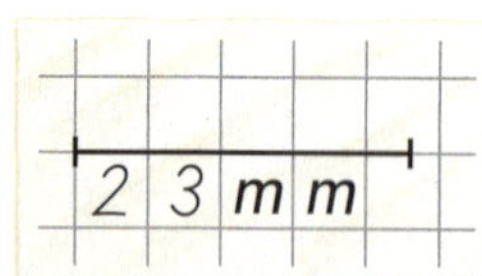

(2) Zeige am Lineal und rechne in mm um. Zeichne die Strecken.

a) 2 cm 3 mm = 23 mm	b) 3 cm 7 mm	c) 6 cm 7 mm
7 cm 4 mm = ☐ mm	12 cm 3 mm	7 cm 6 mm
11 cm 8 mm = ☐ mm	9 cm 6 mm	2 cm 9 mm
8 cm 0 mm = ☐ mm	4 cm 1 mm	9 cm 2 mm

(3) Zeige am Lineal und rechne in cm und mm um. Zeichne die Strecken.

a) 34 mm = 3 cm 4 mm	b) 63 mm	c) 10 mm
92 mm = ☐ cm ☐ mm	110 mm	39 mm
40 mm = ☐ cm ☐ mm	55 mm	86 mm
132 mm = ☐ cm ☐ mm	14 mm	42 mm

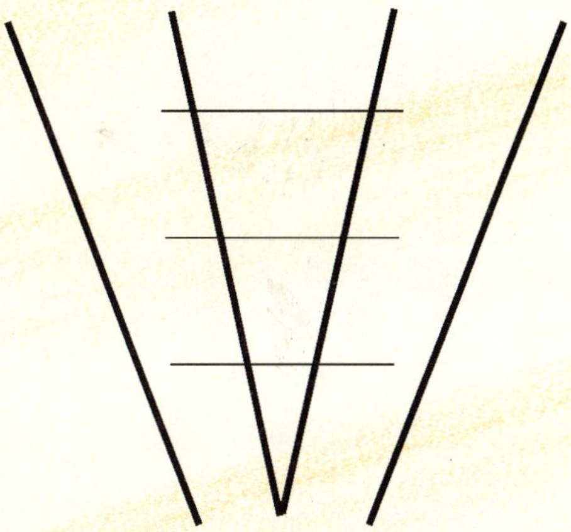

Welcher dünne Strich ist der längste?

Ein großer und ein kleiner roter Kreis?

④ Ordne der Länge nach. Beginne mit der kürzesten Strecke.

a)	3 cm	13 mm	3 mm	10 cm	13 cm
b)	9 mm	9 m	9 cm	90 cm	19 mm
c)	3 cm 4 mm	34 cm	3 m 4 cm	43 mm	43 m

⑤ Ungefähr 10 cm – Wie lang genau?

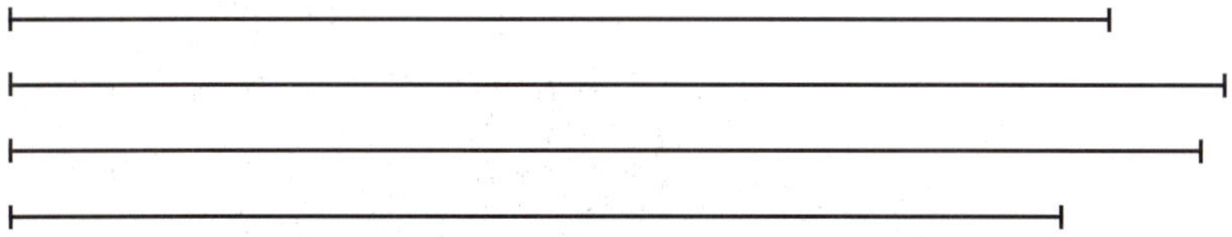

a) Miss die Strecken. Zeichne sie und schreibe die genaue Länge dazu.

b) Zeichne 3 Strecken, die ungefähr 12 cm lang sind. Schreibe die genaue Länge dazu.

⑥ a) Überlege: Welche Länge passt ungefähr zu …

– deiner Handbreite?	6 cm	6 mm	60 cm
– deinem Füller?	1 cm 5 mm	15 cm	5 cm 1 mm
– deinem Zahlenzauber-Buch?	3 m	30 mm	30 cm

b) Überlege, was ist ungefähr so lang …?

8 mm 18 cm 80 cm 1,80 m 8 m 80 m

① Tausenderfreunde: Ergänze.

② Beginne immer mit der leichten Aufgabe.

a)	b)	c)	d)
274 + 19 = ☐	536 + 98 = ☐	963 – 38 = ☐	642 – 42 = ☐
274 + 20 = ☐	536 + 99 = ☐	963 – 40 = ☐	642 – 43 = ☐
274 + 18 = ☐	536 + 100 = ☐	963 – 39 = ☐	642 – 44 = ☐

③ Rechne auf deinem Weg.

a)	b)	c)	d)
357 + 298 = ☐	597 + 196 = ☐	25 + 898 = ☐	539 + 159 = ☐
415 + 185 = ☐	277 + 219 = ☐	179 + 233 = ☐	353 + 497 = ☐
609 + 343 = ☐	818 + 153 = ☐	491 + 305 = ☐	946 + 38 = ☐

④ Rechne auf deinem Weg.

a)	b)	c)	d)
903 – 895 = ☐	772 – 388 = ☐	894 – 246 = ☐	222 – 199 = ☐
744 – 196 = ☐	613 – 87 = ☐	636 – 297 = ☐	999 – 146 = ☐
511 – 289 = ☐	465 – 135 = ☐	305 – 188 = ☐	586 – 349 = ☐

⑤ Zeichne ins Heft. Ergänze symmetrisch.

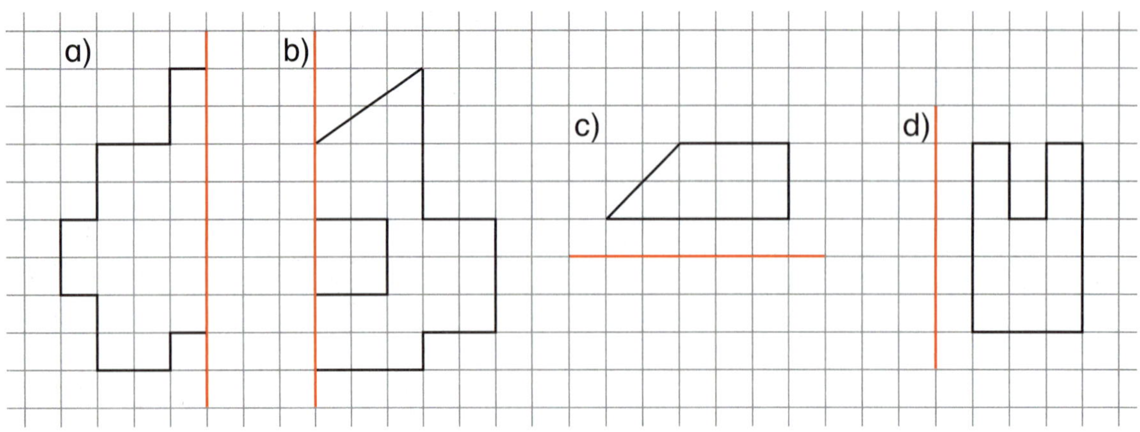

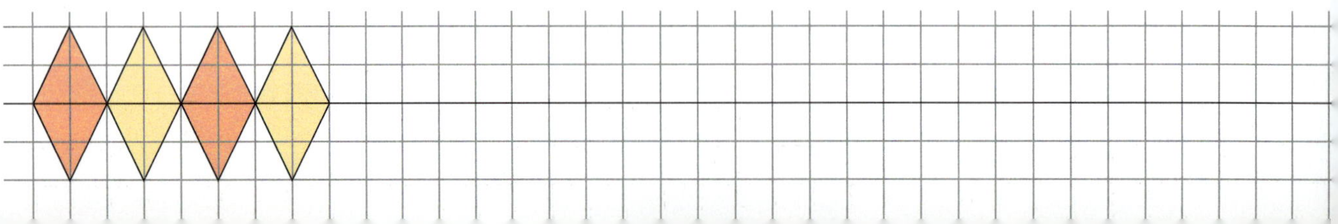

6) Wie viel Geld ist es? Schreibe auf.

a) 

b) 

c) 

7) Welche Geldscheine können es sein? Zeichne und schreibe.

a) 

80 €

b) 

160 €

c) 

75 €

8) Rechne um.

a) 4 cm 2 mm = ☐ mm
9 cm 9 mm = ☐ mm
6 cm = ☐ mm

b) 27 mm = ☐ cm ☐ mm
141 mm = ☐ cm ☐ mm
100 mm = ☐ cm ☐ mm

c) 1,31 m = ☐ cm
0,87 m = ☐ cm
1,04 m = ☐ cm

9) Ordne der Länge nach. Beginne mit der kürzesten Strecke.

a) 6 cm | 25 mm | 18 cm | 2 m | 150 cm

b) 5 cm 6 mm | 64 cm | 8 m 3 cm | 97 mm | 1 m

10) a) Sarah ist 92 cm groß.
Andreas ist 15 cm größer.
Wie groß ist Andreas?

b) Mutter ist 1,65 m groß.
Anna ist 42 cm kleiner.
Wie groß ist Anna?

c) Paul ist 1,40 m groß.
Max ist 14 cm kleiner als Paul.
Tobias ist 8 cm größer als Paul.
Wie groß sind Max und Tobias?

d) Stefan und Sabine sind zusammen so groß wie der Vater. Der Vater ist 1,85 m groß. Sabine ist 25 cm kleiner als Stefan.
Wie groß sind Sabine und Stefan?

① Bastelt verschiedene Glücksräder in der Gruppe.
Malt jeweils 4 Felder blau und 4 Felder rot aus.

② a) Wähle mit deinem Partner ein Glücksrad. Jeder wählt eine Farbe.
Dreht insgesamt 20-mal. Kommt deine Farbe, male ein Kästchen aus:

b ☐☐☐☐☐☐☐☐☐☐☐☐☐☐☐☐☐☐☐☐ r 

Malt neben den Streifen euer Rad. Wer gewinnt?

b) Wählt ein anderes Rad. Welche Farbe wird gewinnen?
Spiele wieder mit deinem Partner.

c) Vergleicht die Streifen zu gleichen Rädern in der Gruppe
oder in der Klasse:

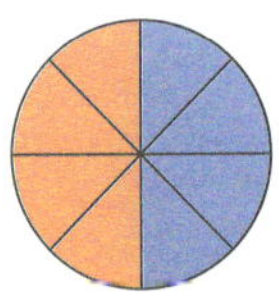

b ☐☐☐☐☐☐☐☐☐☐☐☐☐☐☐☐☐☐☐☐ r
b ☐☐☐☐☐☐☐☐☐☐☐☐☐☐☐☐☐☐☐☐ r

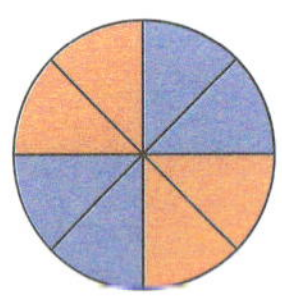

b ☐☐☐☐☐☐☐☐☐☐☐☐☐☐☐☐☐☐☐☐ r
b ☐☐☐☐☐☐☐☐☐☐☐☐☐☐☐☐☐☐☐☐ r

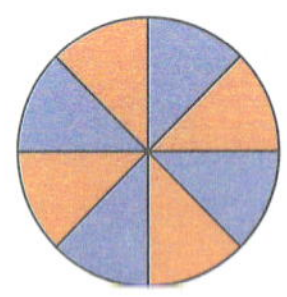

b ☐☐☐☐☐☐☐☐☐☐☐☐☐☐☐☐☐☐☐☐ r
b ☐☐☐☐☐☐☐☐☐☐☐☐☐☐☐☐☐☐☐☐ r

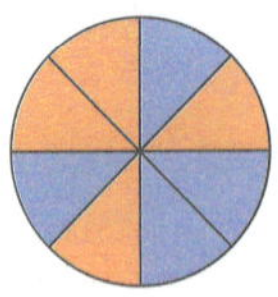

b ☐☐☐☐☐☐☐☐☐☐☐☐☐☐☐☐☐☐☐☐ r
b ☐☐☐☐☐☐☐☐☐☐☐☐☐☐☐☐☐☐☐☐ r

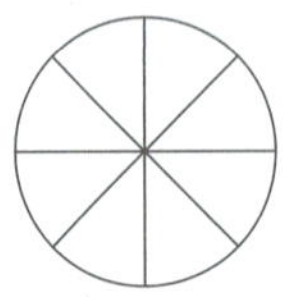

b ☐☐☐☐☐☐☐☐☐☐☐☐☐☐☐☐☐☐☐☐ r
b ☐☐☐☐☐☐☐☐☐☐☐☐☐☐☐☐☐☐☐☐ r

Was fällt dir auf? Gibt es eine Gewinnerfarbe?
Gibt es ein Rad, das du wählen kannst, wenn ganz sicher
Rot gewinnen soll?

③ a) Miriam und Elias spielen. Elias wählt Rot. Er will unbedingt gewinnen.
Welches Rad sollte er wählen?

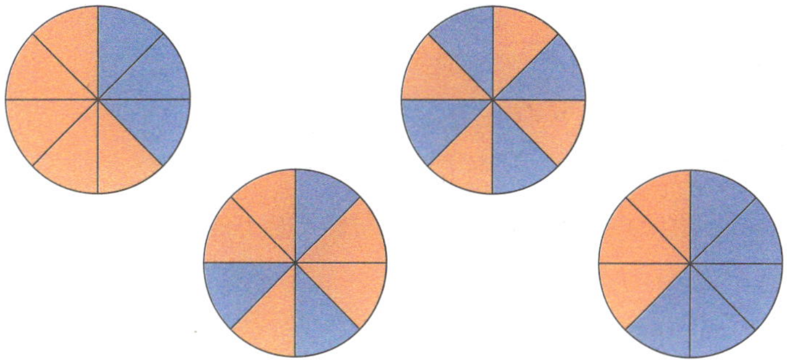

b) Probiere mit dem Partner aus. Notiert wieder auf Streifen.
Malt das Rad dazu.

c) Male Glücksräder, bei denen es …
- wahrscheinlich ist, dass Rot gewinnt.
- unmöglich ist, dass Rot gewinnt.
- unwahrscheinlich ist, dass Rot gewinnt.

④ Beschrifte die Felder eines Glücksrads mit den Zahlen von 1 bis 8.
Welche Spielregeln sind gerecht?
Wo haben beide Spieler die gleiche Gewinnchance?

a) Spieler 1: gerade Zahl
Spieler 2: ungerade Zahl

b) Spieler 1: Zahl größer als 3
Spieler 2: Vielfaches von 2

c) Spieler 1: Zahl durch 3 teilbar
Spieler 2: Zahl nicht durch 3 teilbar

Probiert aus. Hattet ihr Recht?
Könnt ihr begründen, weshalb eine Regel gerecht oder ungerecht ist?

⑤ Denke dir gerechte Regeln für das Glücksrad aus.

⑥ Welches Glücksrad würdest du bei diesen Regeln wählen?

a) Eine gerade Zahl gewinnt.

b) Ein Vielfaches von 3 gewinnt.

c) Eine Zahl kleiner als 3 gewinnt.

d) Eine Zahl größer als 6 gewinnt.

1
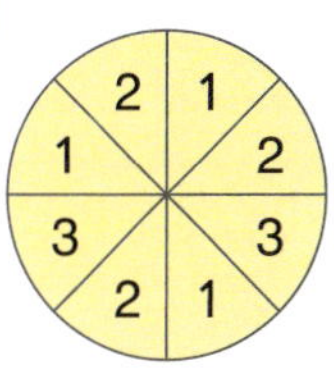

2
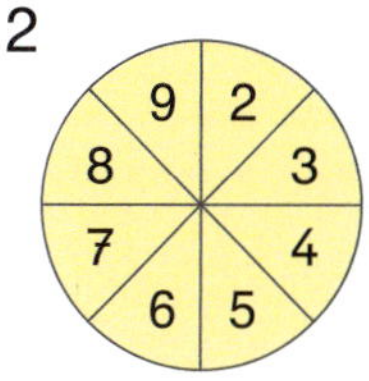

3
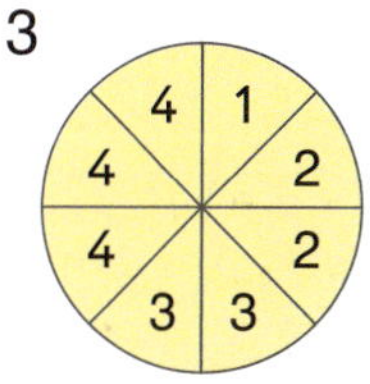

4
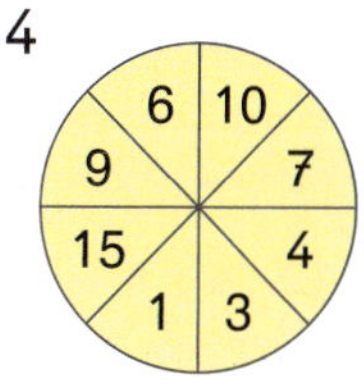

Genau und ungefähr

AH S.44

Erbaut in den Jahren 1377 bis 1890.

Die Bauzeit des Münsters betrug etwa 500 Jahre.

Ulmer Münster — Höhe 161 m!

Höchster Kirchturm der Welt! — 768 Stu… bis zur Turmsp…

Am Sonntag bestiegen 148 Besucher den Kirchturm.

Über 2000 Zuhörer!
Orgelkonzert war ausverkauft.

„Etwa 600", „über 2000", das sind gerundete Zahlen.

(1) Genaue und ungefähre Angaben. Vergleiche.

a) Woran erkennst du, dass manche Angaben nicht genau sind. Überlege: Sind alle anderen Angaben genau?
b) Warum verwendet man gerundete Zahlen?
c) Wann verwendest du gerundete Zahlen?

(2) Suche in der Zeitung nach genauen und gerundeten Zahlen.

(3) Was hältst du von diesen Zahlenangaben?

Meine Hausnummer ist etwa 50.

Ich habe circa 20 Stifte.

Mutti holt mich in 11 Minuten und 1 Sekunde ab.

Meine Autonummer ist ungefähr 400.

4 Gerundete Zahlen werden oft in Schaubildern verwendet.

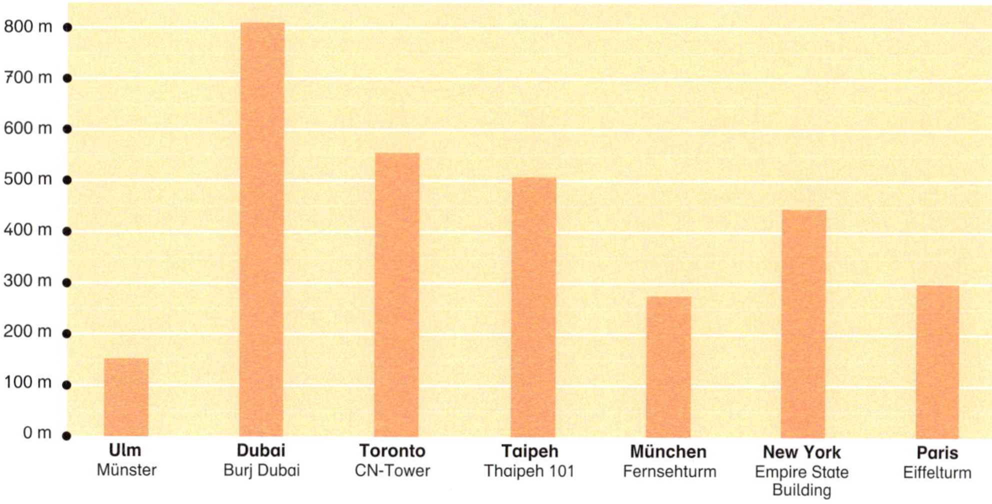

818 m

161 m

276 m

300 m

448 m

508 m

553 m

a) Was kannst du aus dem Schaubild herauslesen?
b) Welches Gebäude ist das höchste, welches das niedrigste?
c) Ordne die Gebäude nach der Höhe und schreibe die genaue Angabe dazu.

	Höhe (gerundet)	*Höhe (genau)*
Ulm: Münster	*160 m*	*161 m*
...	...	...

5 Flüsse in Deutschland
Runde auf glatte Zehnerzahlen und erstelle ein Schaubild.

	Länge genau	Länge gerundet
Ruhr	235 km	240 km
Elbe	1092 km	
Main	524 km	
Neckar	367 km	
Donau	2830 km	
Rhein	1320 km	

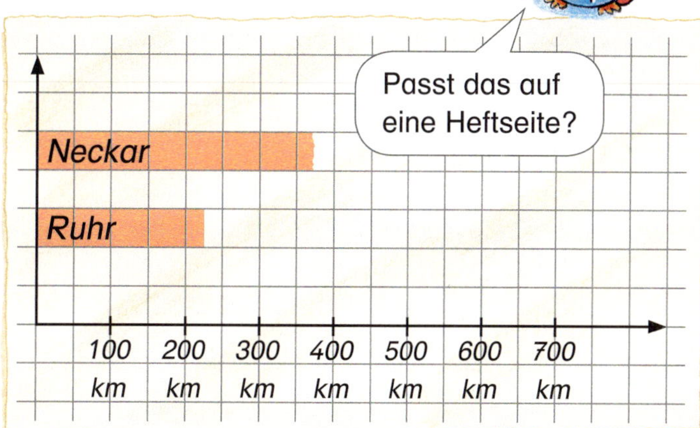

6 Erstelle ein Schaubild zu einem interessanten Thema,
z. B. Schiffslängen, Schlangen, Flügelspannweiten von Vögeln, …

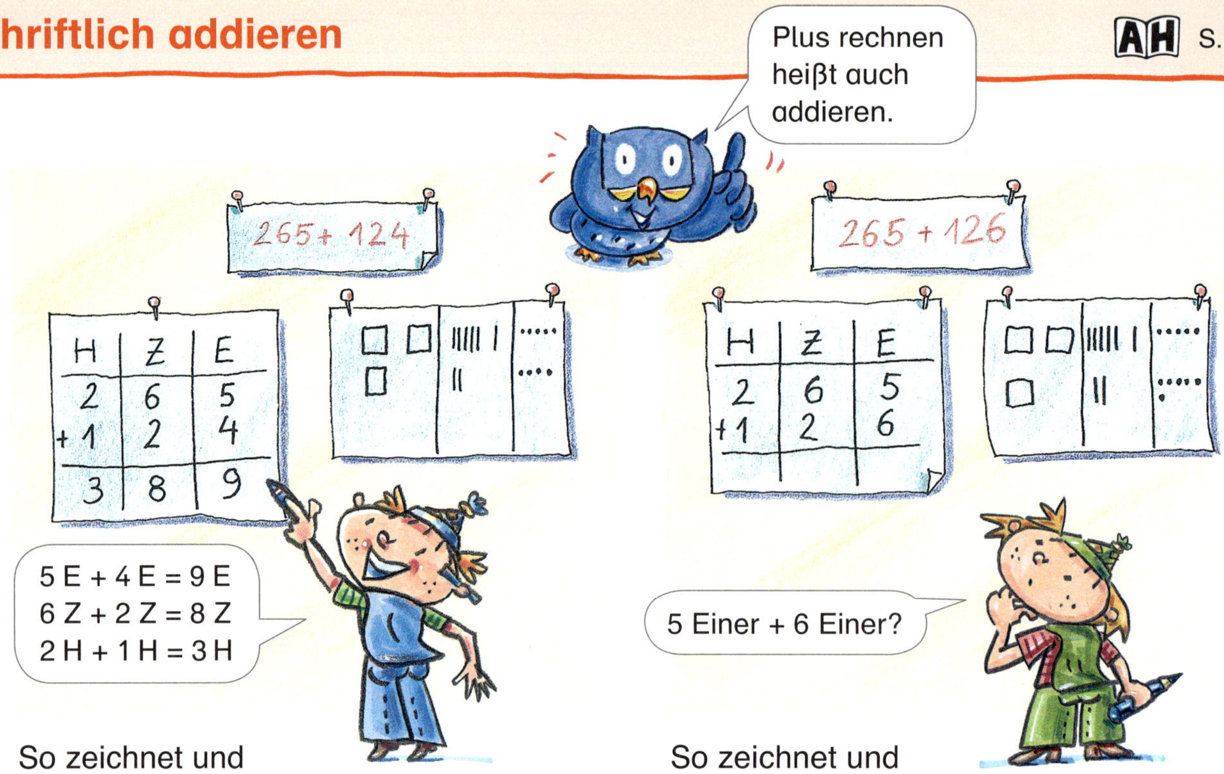

So zeichnet und rechnet Bim.

So zeichnet und rechnet Simsala.

① Erkläre, wie Simsala weiterrechnen könnte.

② Lege Simsalas Aufgabe mit Rechenmaterial oder Geld in der Stellenwerttafel. Beginne an der Einerstelle. Sprich dazu.

	H	Z	E
	2	6	5
+	1	2	6
		1	
	3	9	1

5E + 6E = 11E,	*1E an 1Z gemerkt*
6Z + 3Z = 9Z,	*9Z an*
2H + 1H = 3H,	*Ergebnis 391*

5 + 6 = 11,	*1 an 1 gemerkt*
6 + 3 = 9,	*9 an*
2 + 1 = 3,	*3 an*

③ Warum ist es sinnvoll, mit den Einern zu beginnen? Notiere deine Begründung und stelle sie einem anderen Kind vor.

④ Rechne schriftlich.

a)

529	467	239	183	346	628	204	375
+ 234	+ 122	+ 656	+ 706	+ 412	+ 159	+ 615	+ 217
☐	☐	☐	☐	☐	☐	☐	☐

589, 592, 758, 763, 787, 819, 889, 895

b)

634	567	289	153	306	428	208	725
+ 237	+ 124	+ 616	+ 401	+ 513	+ 109	+ 613	+ 216
☐	☐	☐	☐	☐	☐	☐	☐

537, 554, 691, 819, 821, 871, 905, 941

5 Rechne schriftlich.

523	497	283	183	346	671	280	373	351
+ 281	+ 122	+ 656	+ 746	+ 462	+ 158	+ 643	+ 262	+ 153

504, 619, 635, 804, 808, 829, 923, 929, 939

a) Was bedeutet jetzt 1 gemerkt?
Notiere deine Begründung und stelle sie einem anderen Kind vor.

b) Erfinde selbst solche Aufgaben.

6 Schreibe stellengerecht untereinander und rechne schriftlich.

★	★	★	★
262 + 107	466 + 152	312 + 79	264 + 177
543 + 353	82 + 264	628 + 354	668 + 54
180 + 316	281 + 435	268 + 314	268 + 354
312 + 457	574 + 253	646 + 125	467 + 389

a) Ordne die Schilder den Päckchen zu. Schreibe so: ★: ...

Übertrag an der Zehnerstelle

Übertrag an der Einerstelle

Übertrag an der Zehner- und Einerstelle

Kein Übertrag

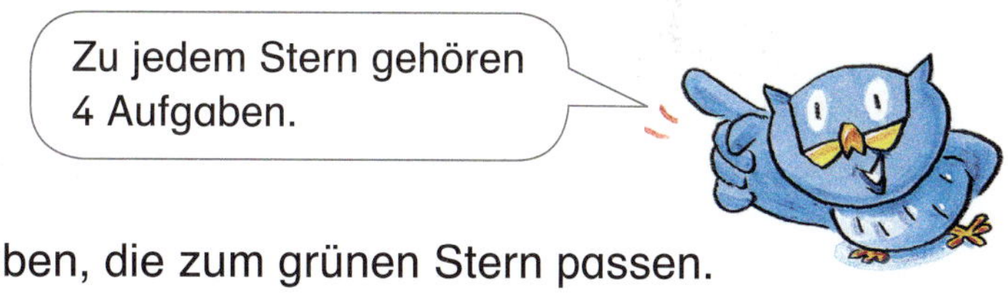

b) Suche und rechne zuerst alle Aufgaben, die zum grünen Stern passen.

367	619	463	374	754	289	418	364
+ 237	+ 248	+ 164	+ 423	+ 184	+ 667	+ 346	+ 572

604, 627, 764, 797, 867, 936, 938, 956

308	186	562	203	143	679	408	375
+ 234	+ 297	+ 218	+ 654	+ 712	+ 154	+ 591	+ 271

483, 542, 646, 780, 833, 855, 857, 999

c) Suche nun nacheinander Aufgaben, die zum blauen, roten und gelben Stern passen.
Rechne.

d) Erfinde selbst Aufgaben, die zu den verschiedenen Sternen passen.

Übung macht den Meister (+)

1 Schärfe deinen Zahlenblick.

345	56	276	421	221	186	205
27	642	139	44	309	215	248
108	377	95	119	77	462	36

a) Wähle zwei Zahlen aus und addiere sie.
Finde 10 Aufgaben, deren Ergebnis kleiner als 600 ist.

b) Wähle zwei Zahlen aus und addiere sie.
Das Ergebnis soll zwischen 400 und 500 liegen.

c) Wähle drei Zahlen aus und addiere sie.
Finde 10 Aufgaben, deren Ergebnis kleiner als 700 ist.

```
  345
+ 108
```

```
  221
+ 215
```

```
  345
   27
+ 276
```

2 Übungen mit Ziffernkarten

0 1 2 3 4 5 6 7 8 9

a) Bilde aus den Ziffernkärtchen zwei dreistellige Zahlen. Addiere sie.

```
  2 4 1        1 0 7        9 8 7
+ 3 5 6      + 4 5 9      + 6 5 4
```

b) Wie erhältst du das kleinste Ergebnis? Wie erhältst du das größte Ergebnis?

c) Bilde Aufgaben mit zwei dreistelligen Zahlen.
Wähle die Ziffernkarten so, dass das Ergebnis 1000, 777 oder 999 ist.

```
    5 8 7        5 9 3        8 9 6
  + 4 1 3      + 1 8 4      + 1 0 3
  1 0 0 0        7 7 7        9 9 9
```

d) Würfelspiel für 2

Würfelt. Entscheidet nach jedem Wurf, an welche Stelle euer Würfelergebnis soll. Wer erreicht das größte Ergebnis?

```
  6 6 6
+ 6 6 □
□ □ □ □
```

3 Berichtige die Fehler in den Lupen.
Rechne die weiteren Aufgaben. Prüfe die Ergebnisse mit der Tauschaufgabe.

96	378	269	197	409
+ 452	+ 103	+ 257	+ 678	+ 307

269	789	563	474	239
+ 247	+ 245	+ 174	+ 438	+ 187

653 + 38
417 + 95
836 + 87

357 + 86 + 489
57 + 607 + 9
189 + 234 + 7

4 Welcher Tipp passt zu den Fehlern in den Lupen?

⊕ Rechnen bis 20 üben!	Stellengerecht untereinanderschreiben!	Übertrag nicht vergessen!

5 Berichtige die Fehler.

a)

354	237	142	126	146	592
209	296	326	27	385	186
+ 272	+ 41	+ 208	+ 236	+ 123	+ 59
	1	1	1 1	1 1	2 1
725	943	675	632	644	727

b)

269	480	563	428	239	456
328	203	37	122	603	160
+ 47	+ 245	+ 174	+ 430	+ 187	+ 284
1 1 1		1 1	1	1	
1067	828	773	880	929	790

6 Klecksaufgaben

2 4 5	2 4 _	5 _ 8	_ 5 9	4 _ 6
+ _ _ 6	+ 1 _ 7	+ 2 7 _	+ 6 _ 7	+ _ 9 _
8 3 1	3 7 0	8 1 5	9 0 6	8 0 3

Unten an einer schönen Linden
war gar ein kleiner Wurm zu finden.
Der kroch hinauf mit aller Macht,
acht Ellen richtig bei der Nacht,
und alle Tage kroch er wieder
vier Ellen dran hernieder.
Zwölf Nächte trieb er dieses Spiel,
bis dass er von der Spitze fiel
am Morgen in die Pfütze
und kühlt sich ab von seiner Hitze.
Mein Schüler, sage ohne Scheu,
wie hoch dieselbe Linde sei.

(Adam Ries, 1550)

Pflaumen
Kati und Max haben Pflaumen gegessen. Kati aß 6 mehr als Max. Ingesamt waren es 16.

Immer 14
Gib ungerade Zahlen an, die zusammen 14 ergeben (es dürfen auch gleiche Zahlen sein). Wie viele Möglichkeiten findest du?

... = 14

Zahlenrätsel

Wenn ich zu meiner Zahl 45 dazuzähle, ist das Ergebnis das Doppelte von 100.

Ich denke mir eine Zahl und nehme sie mal 7, zähle dann 16 dazu und teile das Ergebnis durch 9. So erhalte ich 8.

Wenn ich meine Zahl von 500 abziehe, erhalte ich die Hälfte von 560.

»Nach Adam Riese ...«
ist eine fest stehende Redewendung. Sie wird gebraucht, wenn man auf die Richtigkeit einer Rechnung hinweisen will. Der berühmte Mathematiker des 16. Jahrhunderts hieß aber eigentlich: Adam Ries.

Zauberquadrat
Die 6 Kärtchen sind so in das magische Quadrat einzusetzen, dass waagerecht, senkrecht und diagonal das gleiche Ergebnis entsteht.

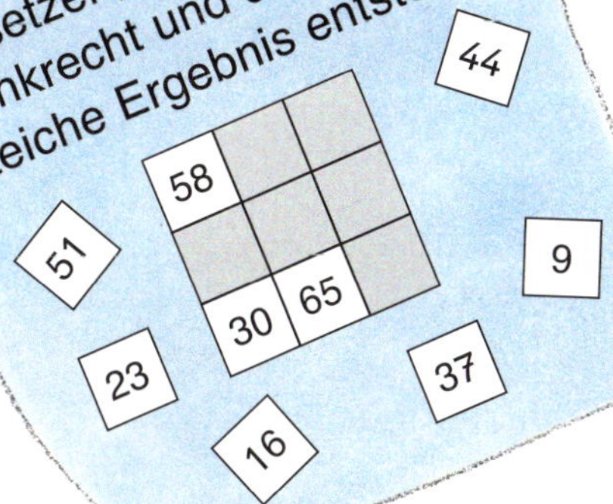

Gläserklingen
Emily feiert Geburtstag. Dazu hat sie sich vier Freunde eingeladen. Anna, Betty, Cathy und David. Die Saftgläser werden erhoben und es wird auf Emily angestoßen. Wie viele Male erklingen die Gläser, wenn jeder mit jedem anstößt?

Älter oder jünger?
Sofia, Christine, Daniel, Tobias und Miriam sind Freunde. Daniel ist 4 Jahre älter als Sofia, Christine ist ein Jahr älter als die achtjährige Miriam. Tobias ist 3 Jahre älter als Christine und 2 Jahre jünger als Daniel. Wie alt sind die Kinder?

Uhren
In einem Regal stehen nebeneinander Uhren in einer Reihe. Zwei davon sind Kuckucksuhren. Eine Kuckucksuhr ist die siebte von links, die andere ist die achte von rechts. Zwischen den beiden Kuckucksuhren stehen vier andere Uhren.

Achterbahnfahrt
Murat, Serpil und Ayse wollen zusammen Achterbahn fahren. In der Achterbahn sind die Sitzplätze hintereinander angebracht.
Wie viele verschiedene Sitzmöglichkeiten haben die drei?
An der Achterbahn treffen sie Noah.
Wie viele verschiedene Sitzmöglichkeiten haben sie nun?

★ Aus dem Internet:

Solche und ähnliche Aufgaben findest du unter:
www.westschule-menden.de
www.mathetreff.de

Der Bonbon Streit
Fünfzehn Bonbongläser sollen gerecht an drei Kinder verteilt werden. Jedes Kind soll gleich viele Gläser und auch gleich viele Bonbons erhalten. Das hört sich zunächst nicht schwierig an, doch hier kommt das Problem: Fünf Gläser sind voll mit Bonbons, fünf weitere sind leer und die restlichen 5 sind halbvoll.

Schriftlich subtrahieren

AH S. 49

So zeichnet und rechnet Simsala.

So zeichnet und rechnet Bim.

1 Vergleiche Simsalas und Bims Aufgaben.
Kannst du Bims Problem lösen?

2 Lege Bims Aufgabe mit Rechenmaterial in der Stellenwerttafel.
Schreibe auf und sprich dazu.

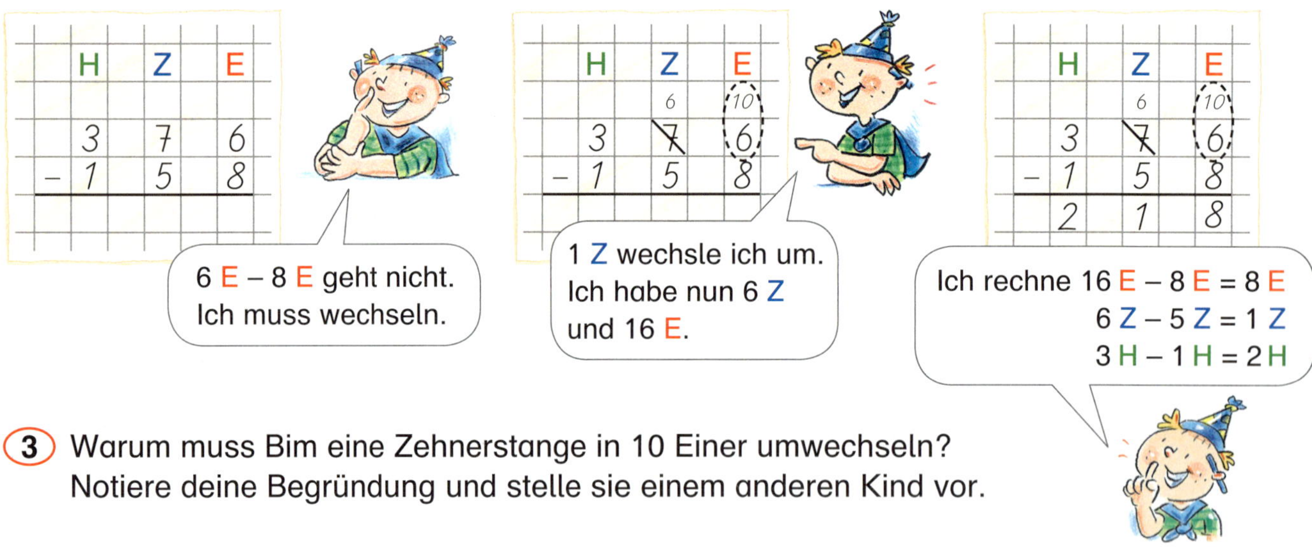

3 Warum muss Bim eine Zehnerstange in 10 Einer umwechseln?
Notiere deine Begründung und stelle sie einem anderen Kind vor.

4 Rechne schriftlich. Überlege vorher, ob du wechseln musst oder nicht.

a)

465	693	934	568	351	743	289	845
– 234	– 547	– 516	– 242	– 127	– 316	– 125	– 217

146, 164, 224, 231, 326, 418, 427, 628

b)

634	567	689	851	833	428	738	375
– 217	– 124	– 316	– 432	– 516	– 119	– 613	– 217

125, 158, 309, 317, 373, 417, 419, 443

5 Rechne schriftlich. Wo musst du jetzt wechseln?

529	467	839	973	446	628	724	819
– 264	– 172	– 656	– 781	– 372	– 154	– 332	– 327

74, 183, 192, 265, 295, 392, 474, 492

6 Wechseln im Doppelpack

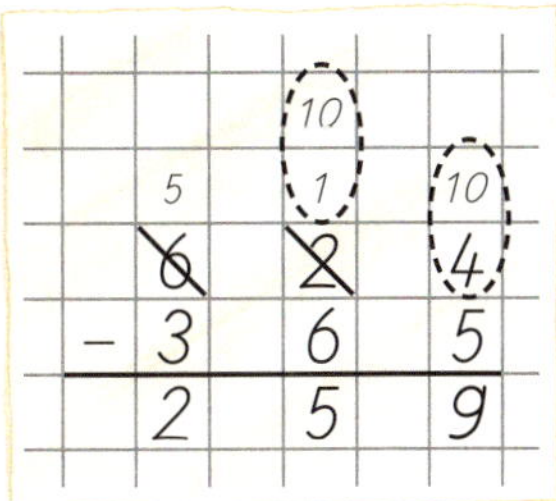

834	673	456	928	714	823
– 557	– 286	– 267	– 169	– 436	– 447

189, 277, 278, 376, 387, 759

7 Schreibe stellengerecht untereinander und rechne schriftlich.

462 – 127	466 – 152	742 – 379	464 – 71
543 – 324	657 – 234	614 – 55	918 – 256
487 – 18	886 – 35	468 – 179	528 – 357

a) Ordne die Schilder den Päckchen zu. Schreibe so:

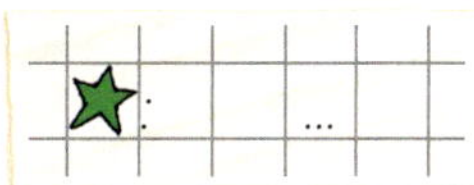

Nicht wechseln

Zehner in Einer wechseln

Hunderter in Zehner und Zehner in Einer wechseln

Hunderter in Zehner wechseln

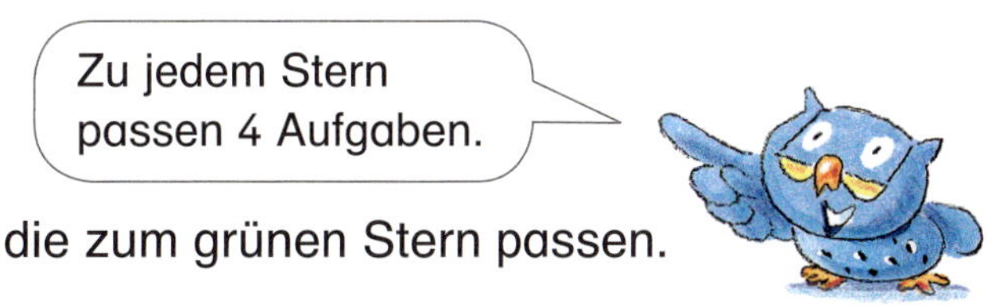

b) Suche und rechne zuerst alle Aufgaben, die zum grünen Stern passen.

867	679	483	574	754	914	618	564
– 278	– 248	– 172	– 425	– 183	– 667	– 346	– 318

149, 246, 247, 272, 311, 431, 571, 589

581	426	562	745	643	678	856	775
– 234	– 287	– 211	– 317	– 258	– 154	– 671	– 281

139, 185, 347, 351, 385, 428, 494, 524

c) Suche nun nacheinander Aufgaben, die zum blauen, roten und gelben Stern passen.

d) Erfinde selbst Aufgaben, die zu den verschiedenen Sternen passen.

406
− 289
▭

① Löse diese Aufgabe mit Rechenmaterial und notiere die Rechenschritte:

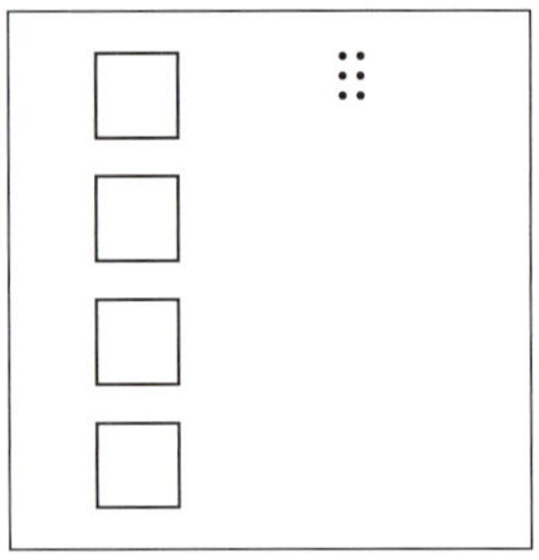

406
− 289
▭

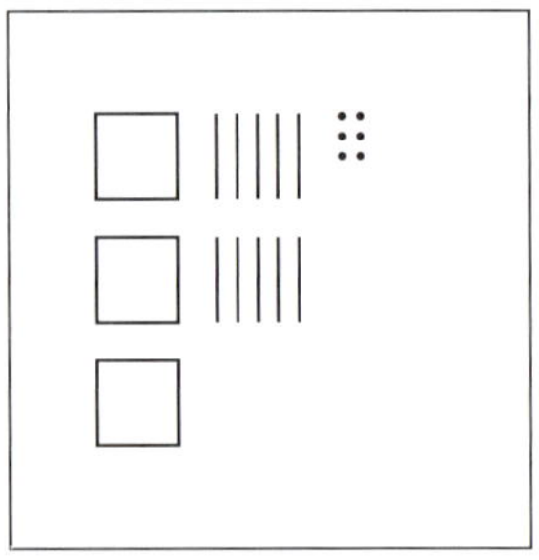

3 10
~~4~~ 0 6
− 2 8 9
▭

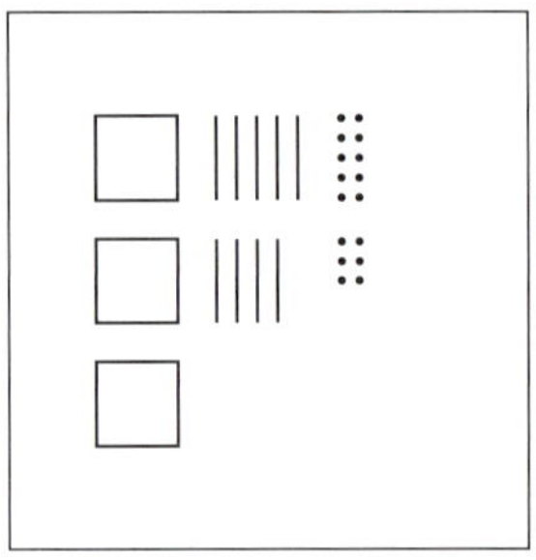

9
3 ~~10~~ 10
~~4~~ 0 6
− 2 8 9
▭

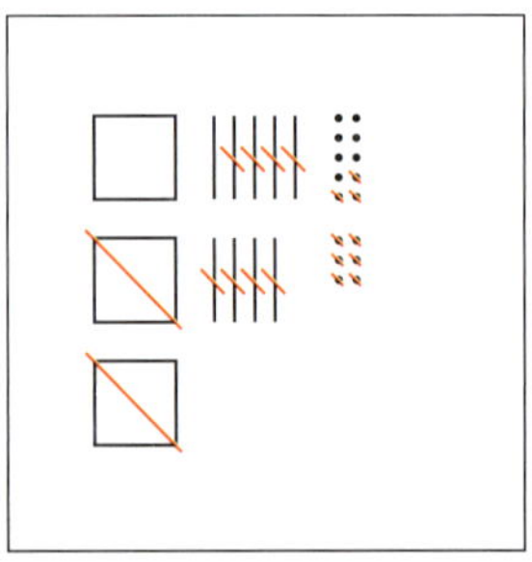

9
3 ~~10~~ 10
~~4~~ 0 6
− 2 8 9
1 1 7

Was ist bei dieser Aufgabe das Besondere? Erkläre.

② Rechne schriftlich.

a)	301	603	403	801	904	506	702	405
	– 189	– 267	– 255	– 132	– 609	– 389	– 567	– 277
	▭	▭	▭	▭	▭	▭	▭	▭

112, 117, 128, 135, 148, 295, 336, 669

b)	704	506	603	907	502	804	406	701
	– 246	– 158	– 447	– 529	– 273	– 337	– 189	– 542
	▭	▭	▭	▭	▭	▭	▭	▭

156, 159, 217, 229, 348, 378, 458, 467

So hat Bim gerechnet:

	H	Z	E
			10
	3	6	5
–	1	1	8
		1	
			7

8 + __ ist 5 geht nicht,
oben 10 E,
unten 1 Z ergänzen.
8 + 7 ist 15, 7 an.

	H	Z	E
			10
	3	6	5
–	1	1	8
		1	
	2	4	7

2 + 4 ist 6, 4 an.
1 + 2 ist 3, 2 an.

1 Rechne diese Aufgaben wie Bim.

a)

253	645	925	539	247	634
– 138	– 427	– 753	– 365	– 189	– 248

58, 115, 172, 174, 218, 386

b)

879	623	583	989	830	1000
– 284	– 344	– 476	– 795	– 245	– 777

107, 194, 223, 279, 585, 595

2 Immer schriftlich?

a) 702 – 698 b) 905 – 195 c) 1000 – 256 d) 876 – 356

e) 643 – 357 f) 783 – 179 g) 675 – 346 h) 903 – 895

3 Jetzt kannst du alle Aufgaben von S. 82–84 auch durch Ergänzen lösen.

1 Besondere Zahlen. Rechne die Aufgabenreihen.

a)

989	878	767	656	
− 898	− 787	− 676	− 565	
☐	☐	☐	☐	…

b)

979	868	757	646	
− 797	− 686	− 575	− 464	
☐	☐	☐	☐	…

c)

969	858	747	636	
− 696	− 585	− 474	− 363	
☐	☐	☐	☐	…

d) Vergleiche die Ergebnisse von a), b) und c). Was stellst du fest?

e) Wie heißen die nächsten Aufgabenreihen?
…

2 Rechnen ohne Ende?

a) Wähle drei unterschiedliche Ziffern, z. B. 7, 2, 9 und bilde daraus die größte und die kleinste Zahl. Ziehe die Zahlen voneinander ab.

Beispiel:

972	
− 279	
693	

Bilde mit den Ergebnisziffern wieder die größte und die kleinste Zahl. Ziehe ab.

963	
− 369	
☐	

Bilde wieder die größte und die kleinste Zahl. Wann geht es nicht mehr weiter?

b) Rechne nun mit: 1 6 7 4 2 3 1 9 5 9 3 2 ? ? ?

- Zähle die Ergebnisziffern zusammen. Was fällt dir auf?
- Mit welcheln Ziffern gibt es viele Aufgaben, mit welchen wenige?

3 Klecksaufgaben

a)

9 6 3	8 7 9	5 0 4	7 8 3	8 7 1
− 4 5 ●	− 2 8 ●	− 3 ● 6	− 1 ● 6	− ● 2 6
5 1 2	5 9 3	1 4 8	6 1 7	2 4 5

b)

8 1 5	7 6 9	8 0 2	● 3 2	● 4 5
− 6 ● ●	− ● ● 8	− 1 ● ●	− 5 1 3	− 2 ● 3
1 7 7	5 7 1	6 6 6	2 1 9	5 0 2

c) Überprüfe deine Ergebnisse mit der Umkehraufgabe.

7$\overset{1}{2}$8	409
− 319	+ 3$\underset{1}{1}$9
409	728

4 Berichtige die Fehler in den Lupen. Rechne die weiteren Aufgaben.

a)

564	743	661	614	303
– 247	– 245	– 74	– 25	– 187
☐	☐	☐	☐	☐

116, 317, 498, 587, 589

b)

821	506	853	703	951
– 788	– 207	– 459	– 94	– 67
☐	☐	☐	☐	☐

33, 299, 394, 609, 884

c)

757	505	972	630	900
– 88	– 285	– 89	– 124	– 467
☐	☐	☐	☐	☐

220, 433, 506, 669, 883

5 Diese Tipps helfen Fehler vermeiden.

Aufgaben bis 20 üben!	Merkzahlen nicht vergessen.	Mit der Umkehraufgabe überprüfen.

6

312 – 285	655 – 395	284 – 79	335 – 167
517 – 173	365 – 89	753 – 588	612 – 543
253 – 76	982 – 637	705 – 489	512 – 478
127 – 89	447 – 98	412 – 177	655 – 327

a) Rechne zuerst die Aufgaben, deren Ergebnis zwischen 300 und 400 liegt.
b) Rechne dann die Aufgaben, deren Ergebnis zwischen 200 und 300 liegt.
c) Rechne dann die Aufgaben, deren Ergebnis zwischen 100 und 200 liegt.

7 Rechne auf deinem Weg. Prüfe mit der Umkehraufgabe.

a)

657	415	711	635	725	846
– 378	– 287	– 89	– 247	– 446	– 257
☐	☐	☐	☐	☐	☐

b)

603	406	904	502	803	701
– 288	– 179	– 647	– 376	– 564	– 454
☐	☐	☐	☐	☐	☐

Körper

AH S. 52

(1) a) Betrachte diese besonderen Bauwerke. Was fällt dir auf?

b) Welche Körperformen kannst du an den abgebildeten Bauwerken entdecken?

Würfel | Quader | Kugel | Zylinder (Walze) | Kegel | Pyramide

(2) Abdrücke im Sand:

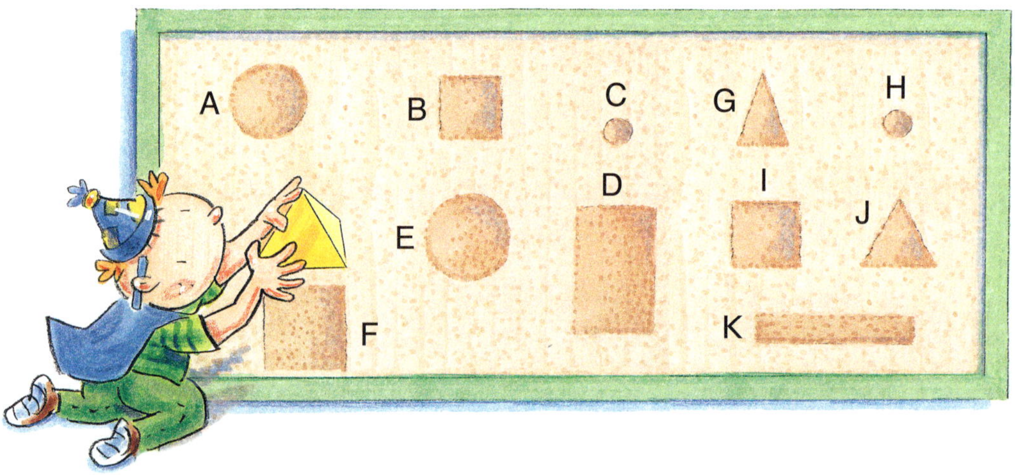

Welche Körper wurden in den Sand gedrückt? Ordne zu.

(3) Steckbriefe

Gesucht: ?	Gesucht: ?	Gesucht: ?
Ecken: 0	Ecken: 5	Ecken: ?
Kanten: 2	Kanten: 8	Kanten: 12
Flächen:	Flächen:	Flächen:
– Anzahl 3	– Anzahl 5	– Anzahl 6
– Form 2 ○, 1 ▭	– Form ?, ?	– Form □

a) Übertrage die Steckbriefe in dein Heft. Ergänze die fehlenden Angaben.

b) Schreibe Steckbriefe zu Quader, Kegel, Kugel, …

4 Rätsel

Ich kann rollen und kippen.
Nach mir wurde auch ein Hut benannt.

Du findest mich oft in Ägypten. Ich wurde vor langer Zeit gebaut und bin Grabstätte für Könige.

Simsalas Hut hat meine Form.
Umgedreht sehe ich aus wie eine Schultüte.

a) Welche Körper sind das? Schreibe auf.

b) Schreibe eigene Rätsel zu geometrischen Körpern.

c) Suche Fotos, Postkarten und Bilder, auf denen verschiedene Körperformen abgebildet sind.

5 Sammelt …

… und beklebt Verpackungen.

Baut damit verschiedene Häuser. Ihr könnt auch Häuser zeichnen.
Gestaltet mit den Gebäuden oder Bildern eine Ausstellung zum Thema.

6 So ein Durcheinander!
Welche drei Körper kannst du mit diesen Flächen bekleben?

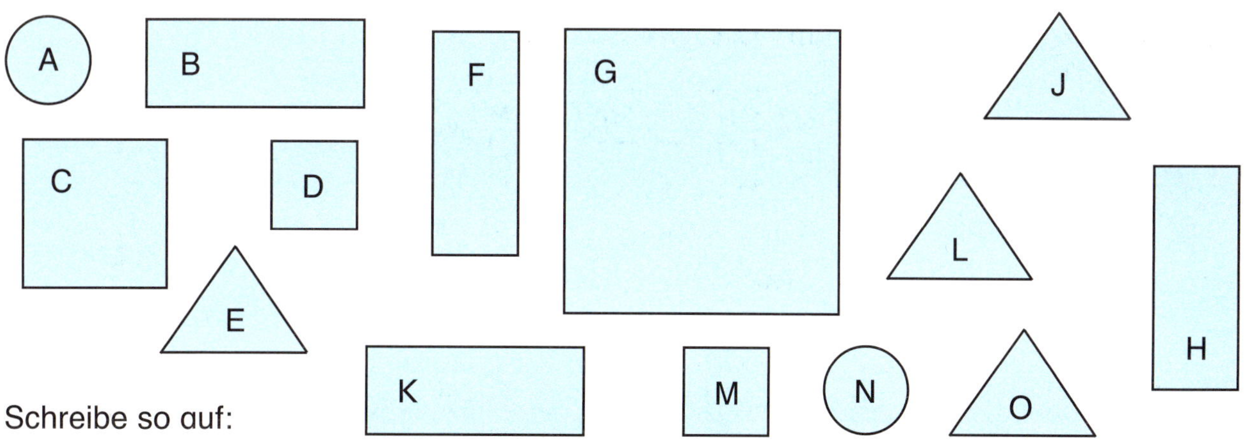

Schreibe so auf:

… kann man mit den Flächen … bekleben.

7 Dein Traumhaus

a) Zeichne es in dein Heft.

b) Schreibe eine Geschichte zu deinem Haus.

Der Würfel – ein besonderer geometrischer Körper

AH S. 53

(1) a) Baut Würfel aus verschiedenen Materialien.

b) Vergleicht eure Modelle:
Wie viele Flächen haben sie?
Welche geometrischen Formen haben diese Flächen?
Wie viele Ecken und Kanten haben die Würfel?

(2) Würfel in unserer Umgebung

a) Dürfen diese Dinge auch in die Würfelausstellung?

b) Überlege, in welchen Wörtern das Wort „Würfel“ vorkommt.

c) Warum würfelt man mit einem Würfel und nicht mit einem Quader?

Beklebt einen Quader mit Punkten.
„Würfelt“.

(3) Kantenwandern

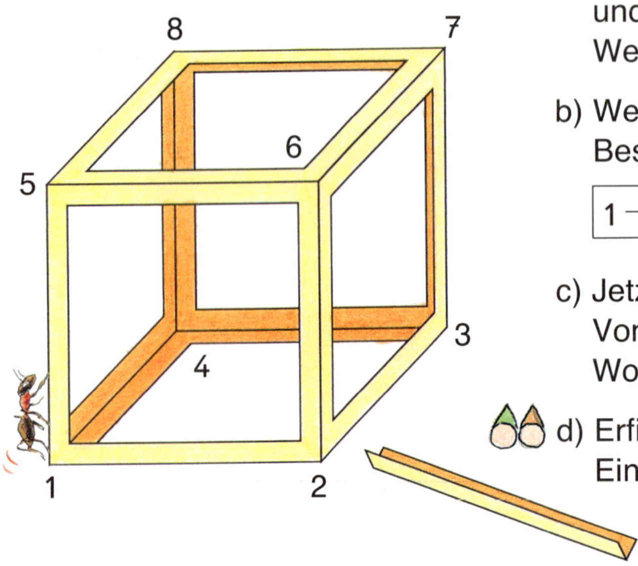

a) Die Ameise beginnt bei Ecke 1 vorne/unten/links und wandert nun zur Ecke hinten/oben/rechts.
Welche Nummer hat diese Ecke?

b) Welchen Weg ist sie wohl gewandert?
Beschreibe mehrere Möglichkeiten.

1 → 2 → …   1 →

c) Jetzt geht die Ameise diesen Weg:
Von 3 nach oben, vorne, rechts, unten.
Wo kommt sie an?

d) Erfinde selbst „Wanderaufgaben“.
Ein Partner löst sie.

Würfelgebäude: Pläne und Ansichten

Erinnerst du dich?
So zeichnet man Pläne zu Würfelgebäuden …

3	2	2
	2	2

… und so zeichnet man Ansichten von Würfelgebäuden.

von vorn

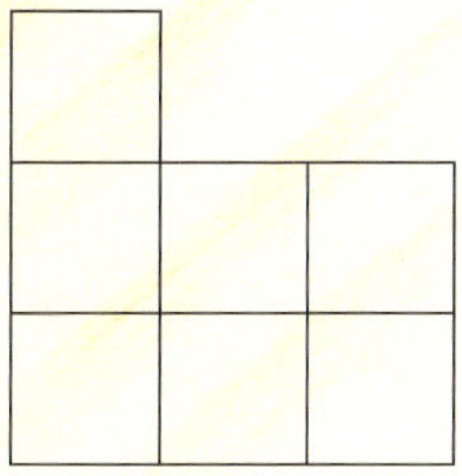

von rechts

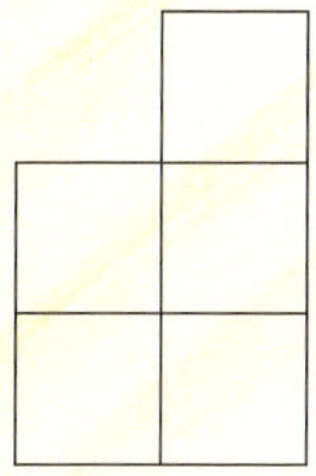

1 Baue nach. Zeichne dazu Pläne und die Ansichten von vorne und von rechts.

a) 

b) 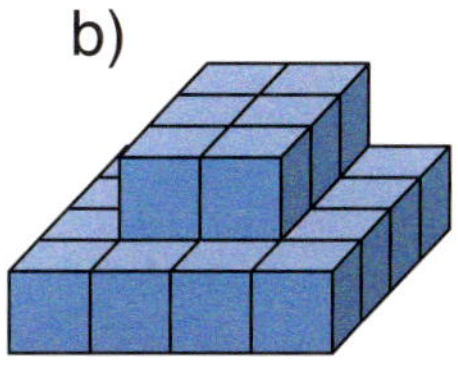

c) 

d) 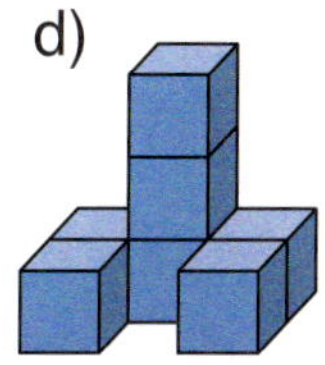

2 Überlege dir zuerst, wie die Würfelgebäude aussehen.
Baue dann nach und zeichne Ansichten von vorne und von rechts.

a)

1	2	1
2	4	2
1	2	1

b)

1	2	3
2	0	2
3	2	1

c)

1	5
2	4
3	3
4	2
5	1

d)

1		
3		
3	3	1
4	2	2

☆ **3** Die beiden ersten und die beiden letzten Ansichten gehören jeweils zu einem Würfelgebäude.
Zeichne zu diesen Ansichten einen Plan für das Würfelgebäude.

a)

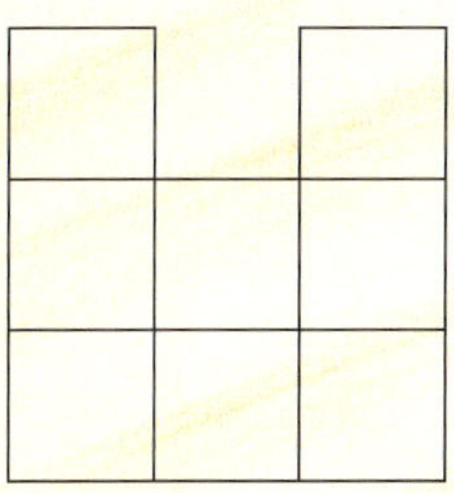

von vorn

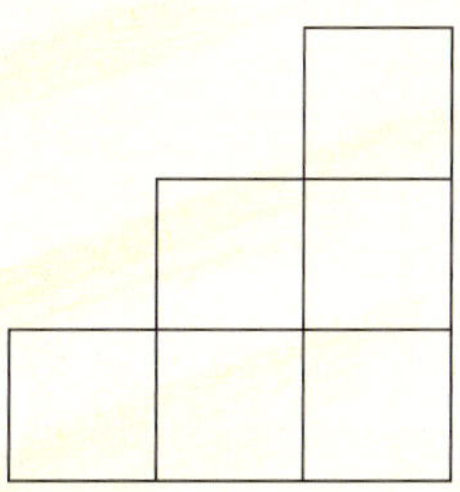

von rechts

b)

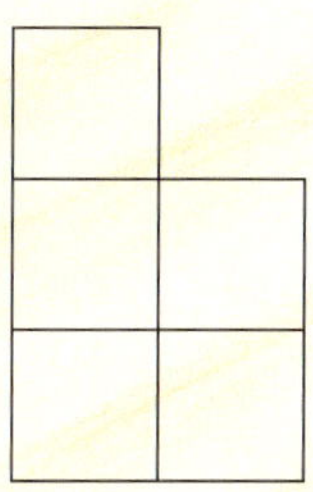

von vorn

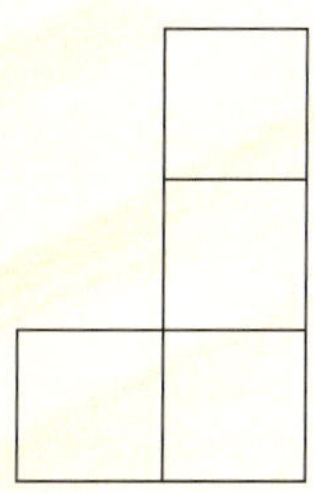

von rechts

Mein Tipp:
Probiere mit Würfeln aus.

4 Baue selbst Würfelgebäude. Zeichne dazu Ansichten und Baupläne.

AH S. 54

Würfelnetze herstellen

(1) a) Zerschneide deinen Würfel auch so, dass ein Würfelnetz entsteht.

b) Vergleicht eure Würfelnetze. Wie viele Würfelnetze habt ihr gefunden?

(2) Findet ihr weitere Würfelnetze?

a) Arbeitet in der Gruppe. Nehmt immer 6 Quadrate, klebt ein Netz und überprüft, ob ein Würfel entsteht.

b) Sammelt, vergleicht und sortiert eure Lösungen.
- Sind Lösungen gleich?
- Findet ihr ähnliche Lösungen? Fasst sie zu Familien zusammen.
- Gebt euren Netzen Namen.

c) Wenn ihr eure Netze sortiert und ihnen Namen gegeben habt, stellt eure gefundenen Lösungen auf einem Plakat dar.

Ente   Ente gespiegelt   T

(3) Wählt unterschiedliche Netze aus. Zeichnet sie so auf Karopapier.

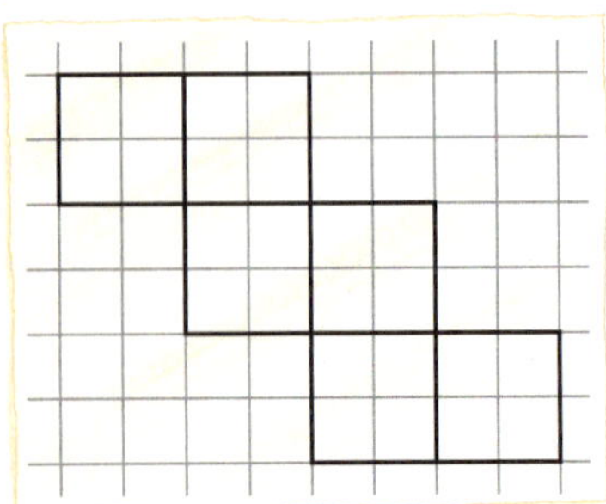

4 Aus welchem Netz kannst du einen Würfel falten?

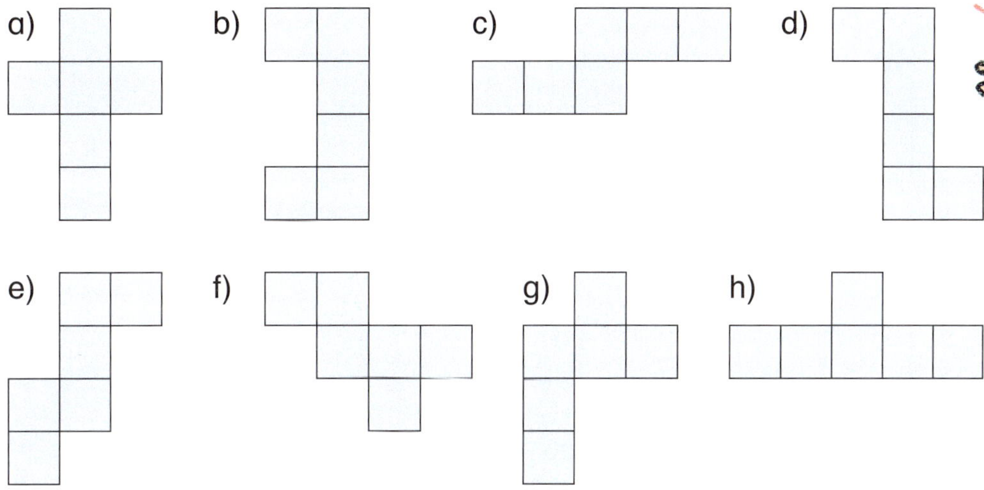

Verändere die übrigen Netze so, dass auch sie zu Würfelnetzen werden.
Zeichne sie auf.

5 Falte im Kopf. Welche Kanten stoßen zusammen?
Zeichne die Netze auf Karopapier. Färbe die Kanten, die zusammenstoßen, mit der gleichen Farbe. Schneide aus und überprüfe.

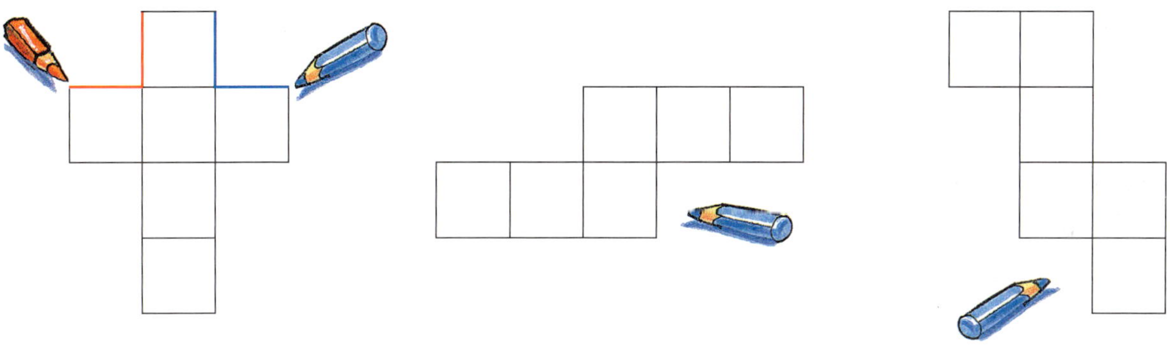

6 Welche Würfelpunkte fehlen in den Netzen?
Zeichne die Netze und trage die fehlenden Punkte ein. Überprüfe.

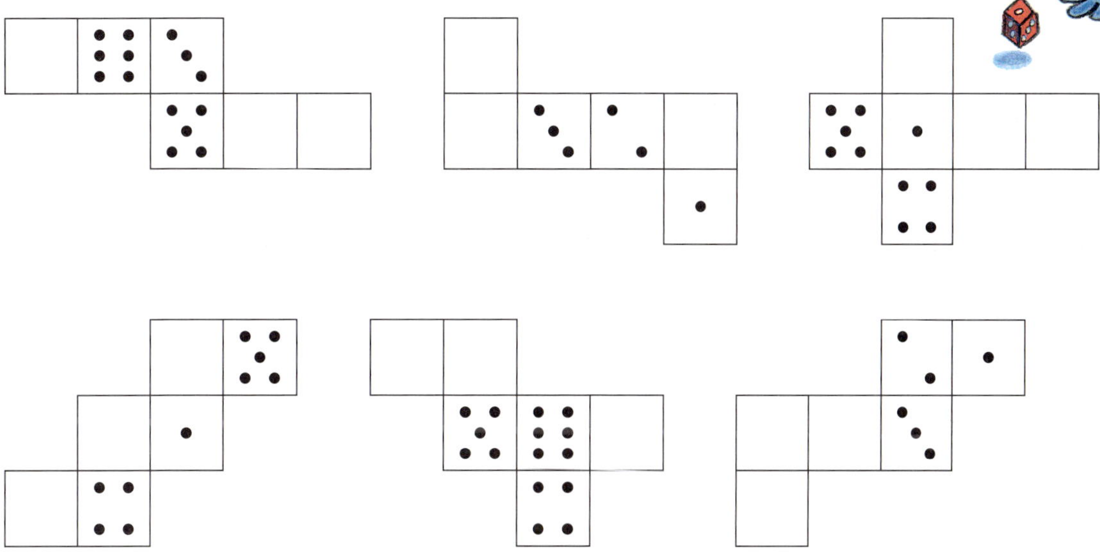

① Mutter hat Leas große Schwester alle 3 Jahre gemessen.
Runde auf 10 cm und erstelle ein Schaubild.

Alter	Größe genau	Größe gerundet
0 Jahre	52 cm	
3 Jahre	94 cm	
6 Jahre	1,08 m	
9 Jahre	1,31 m	
12 Jahre	1,54 m	
15 Jahre	1,69 m	
18 Jahre	1,73 m	
21 Jahre	1,73 m	

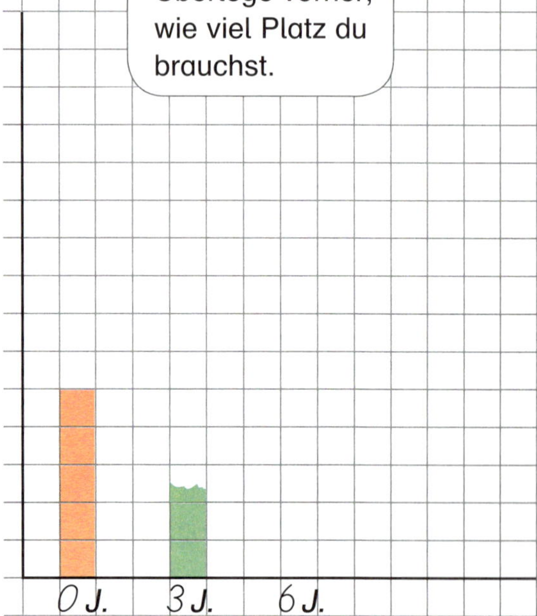

② Schreibe stellengerecht untereinander und rechne schriftlich.

a) 342 + 79
588 + 136
191 + 62

b) 84 + 669
136 + 822
59 + 267

c) 84 + 463
257 + 136
683 + 56

d) 607 + 89
36 + 877
453 + 69

③ Addiere schriftlich.

					426
134	256	152	427	98	79
67	418	235	96	535	87
+ 632	+ 165	+ 78	+ 109	+ 367	+ 355

④ Schriftlich oder im Kopf?

a) 23 + 46
603 + 208
228 + 498

b) 518 + 347
254 + 500
321 + 76

c) 317 + 199
456 + 367
358 + 679

d) 607 + 102
500 + 38
588 + 367

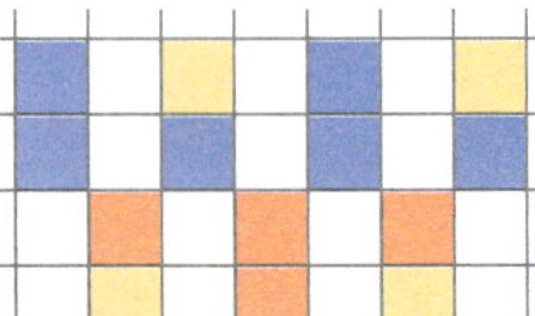

5 Schreibe stellengerecht untereinander und rechne schriftlich.

a)	b)	c)	d)
635 – 94	604 – 28	423 – 277	327 – 76
204 – 178	922 – 783	534 – 92	711 – 563
512 – 368	643 – 67	472 – 189	751 – 85

6 Vervollständige die Rechnungen.

	7	3	
–	2		3
		9	2

		5	
–	1	6	8
		8	8

+	4	2	3
	6	1	2

	8		4
+		3	
	9	9	1

	7	6	7
+			
	8	5	8

		1	6
–	1	7	
	2		9

7 Schriftlich oder im Kopf?

a)	b)	c)	d)
1000 – 995	800 – 423	700 – 350	542 – 202
400 – 256	600 – 310	1000 – 840	470 – 360
900 – 820	300 – 294	945 – 210	934 – 688
700 – 537	500 – 352	839 – 567	652 – 352

8 Wie heißen die Körperformen? Schreibe ins Heft.

a) 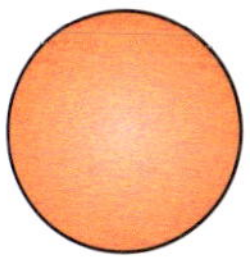

b) 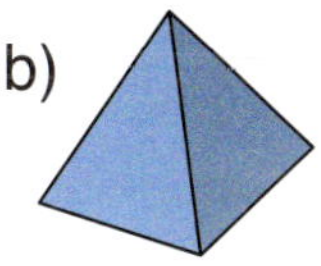

c) 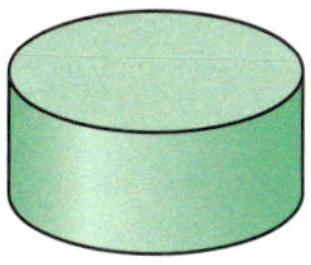

d) 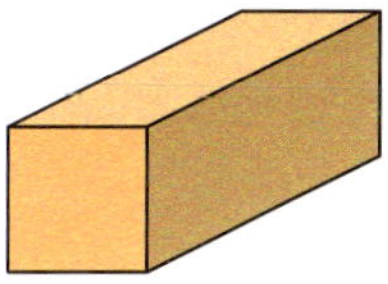

e) 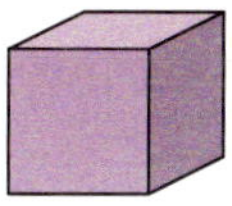

9 Aus welchen Netzen kannst du einen Würfel falten?

a) 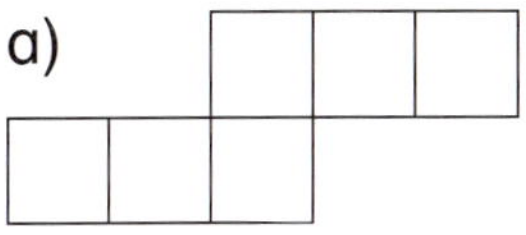

b) 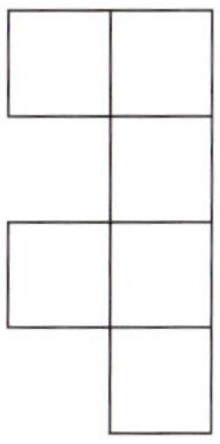

c) 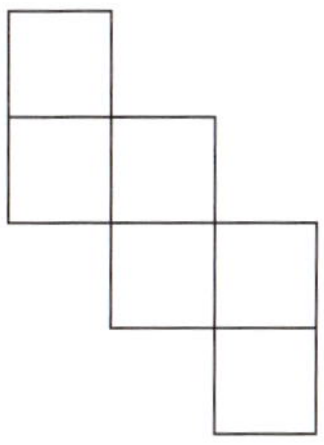

d) 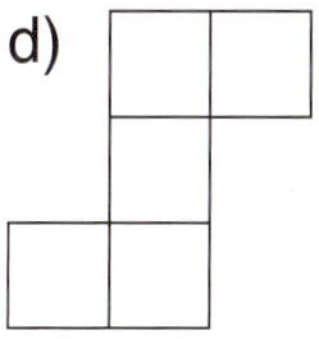

e) 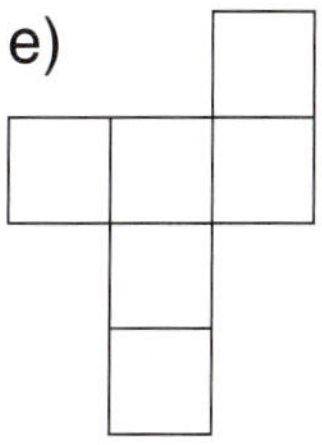

f) Verändere die übrigen Netze so, dass ein Würfel entstehen kann.
Zeichne ins Heft.

AH S. 57

All Terrain Bike ATB
24 Zoll 7 Gänge

€ 275,–

Mountain Bike MTB
24 Zoll 27 Gänge

€ 349,–

Tacho € 21,–

Helm
Sun € 49,–

Helm
Smile € 29,–

1. Welches Fahrrad würde dir gefallen? Überlege, welche Fragen du dem Verkäufer stellen würdest.

2. Du hast 350 €. Was könntest du dafür kaufen? Finde mehrere Möglichkeiten.

3. Anna plant in den Sommerferien eine Radtour. Sie wünscht sich daher ein neues Fahrrad. Das MTB würde ihr gefallen. Außerdem sucht sie sich den Kinderhelm Smile aus. Zum Geburtstag schenken ihr ihre Eltern für das Fahrrad 100 €. Ihre Oma gibt ihr 60 €. Sie selbst hat 170 € gespart. Sie könnte jeden Monat 5 € von ihrem Taschengeld sparen.

   Welche Fragen kannst du zuerst beantworten? Welche zuletzt? Rechne und antworte.

   Wie viel Geld hat sie insgesamt?

   Reicht das Geld?

   Wie viel Geld hat sie geschenkt bekommen?

   Wie viele Monate muss sie sparen?

   Wie viel kosten Fahrrad und Helm zusammen?

Was bedeuten diese Begriffe? Überlege, wie sie zu den Aufgaben passen.

Gesamtpreis

fehlendes Geld

Einzelpreis

BMX Rad (Bicycle Moto Cross)
20 Zoll 1 Gang

€ 199,–

Einrad
20 Zoll

€ 69,–

Lenkertasche € 44,–

Frontlicht € 12,90

Rücklicht € 9,90

Setpreis ★★★
Frontlicht
Rücklicht
(o. Montage)
Sonderpreis

€ 19,90

4. Anna braucht noch weiteres Zubehör.
   Vorder- und Rückleuchte kann Vater einzeln kaufen oder als Set.
   Überschlage, wie viel Geld er sparen kann, wenn er das Set kauft.
   Rechne dann genau.

5. Annas Vater meint: „Wenn du statt des MTB das ATB kaufen würdest, könntest du Geld sparen.“ Anna überlegt …

6. Das MTB wird um 50 € reduziert.
   Wie lange müsste Anna nun sparen?

7. Leon kauft sich das BMX-Rad und ein Beleuchtungsset.
   In der Spardose hat er 175 €. Von seinem Onkel bekommt er 50 € geschenkt. Wie viel Geld bleibt übrig?

8. Mutter bekommt zum Geburtstag die Lenkertasche und den Tacho.
   Anna und Leon zahlen je 7,50 €. Vater bezahlt den Rest.

9. Erfinde Aufgaben „Rund ums Rad“ für die Sachrechen-Kartei.

vorhandenes Geld | gespartes Geld | übriges Geld | ?

1000 Schritte –

AH S. 58

1 Kilometer = 1000 Meter
1 km = 1000 m

„Kilo" kommt aus dem Griechischen und bedeutet 1000. Kennst du weitere Wörter mit Kilo?

1 Ihr wollt von eurer Schule aus einen Kilometer gehen.
a) Bis wohin kommt ihr? Schätzt.
b) Messt auf verschiedene Arten. Vergleicht eure Ergebnisse.
c) Schaut beim Rückweg auf die Uhr. Wie lange braucht ihr?

2 So kannst du dir ein Bild von einem Kilometer machen:
a) 50-m-Lauf: Wie oft musst du laufen?
b) Fußballfeld (100 m lang): Wie viele Felder sind das hintereinander?
c) Laufbahn (eine Runde 400 m): Wie viele Runden musst du laufen?
d) Schulhof (Länge ? m): Wie oft musst du auf- und abgehen?
e) Was fällt dir noch ein?

3

1 km = ☐ · 500 m	1 km = ☐ · 250 m	1 km = ☐ · 50 m
1 km = ☐ · 100 m	1 km = ☐ · 25 m	1 km = ☐ · 10 m
1 km = ☐ · 200 m	1 km = ☐ · 2 m	1 km = ☐ · 20 m

4 Ergänze auf 1 km.

a) 400 m	b) 350 m	c) 425 m	d) 110 m	e) 280 m	f) 505 m
100 m	650 m	750 m	520 m	910 m	911 m
700 m	550 m	43 m	806 m	215 m	413 m

… ein Kilometer?

(5) Erkan fährt jeden Tag mit dem Rad zur Schule.
Bis dorthin sind es 2 km.
Wie viele Kilometer radelt Erkan in einer Schulwoche?

(6) Tim geht 500 m von zu Hause zur Schule. Mittags geht er 300 m zu seiner Oma zum Essen. Nach den Hausaufgaben marschiert er von dort 200 m nach Hause.
Wie viele Kilometer sind das am Tag, in einer Schulwoche, in 4 Wochen, in einem Schuljahr (40 Wochen)?

(7) Katharina überlegt: Wenn ich meinen täglichen Schulweg im ganzen 3. Schuljahr an einem Stück gehen würde, käme ich von München nach Frankfurt oder Verona.
Katharinas Weg zur Schule beträgt 1 km und 100 m.
Setze die Tabelle fort.

einfacher Weg	1 km 100 m
1 Schultag	2 km 200 m
5 Schultage	
10 Schultage	
100 Schultage	
…	
180 Schultage	

(8) Wie lange ist dein Schulweg?
Wie weit kämst du in einem Jahr?

(9) Wie viele Kilometer schafft jeder in …

	… ½ h	… 1 h	… 2 h	… 5 h	… 10 h	… ? h
Fußgänger		4 km				
Radfahrer		15 km				
Autofahrer		80 km				
Flugzeug		800 km				
?						

Radeln an der Donau

AH S. 59

Die Donau ist der zweitlängste Fluss Europas und fließt quer durch Bayern. Viele bayerische Flüsse münden in die Donau.

Befreiungshalle

Ulmer Münster

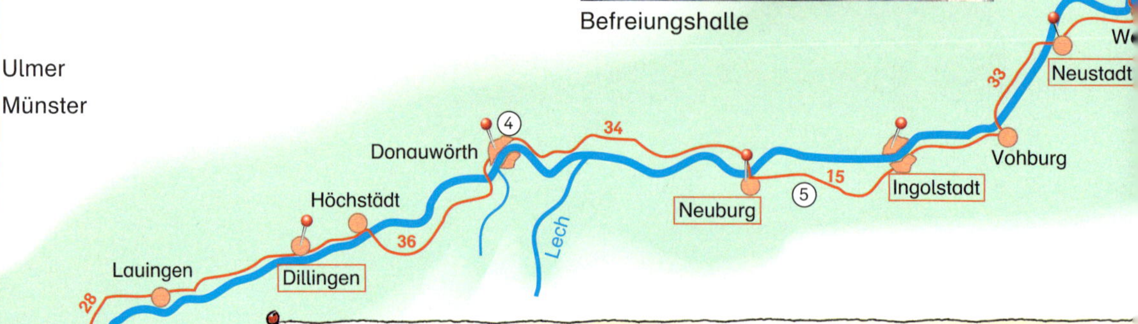

① Ulmer Münster (höchster Kirchturm)
② Schloss Leipheim
③ Legoland bei Günzburg
④ Donauwörth Glockenspiel
⑤ Schloss Grünau
⑥ Spuren des Limes
⑦ Kloster Weltenburg
⑧ Befreiungshalle
⑨ Walhalla
⑩ Kloster Oberalteich
⑪ Wallfahrtskirche Bogenberg
⑫ Kloster Niederalteich
⑬ Passau, „Venedig des Nordens“, größte Kirchenorgel der Welt

▭ Dieses Zeichen bedeutet: Sehenswerte Städte

Am Fluss entlang geht es immer ein kleines bisschen bergab, wenn man flussabwärts fährt, an der Donau also von Ulm Richtung Passau. Schöne Radwege gibt es auch an der Mosel, am Main, am Rhein und am Inn.

1 Was kannst du alles aus der Karte herauslesen?

2 Durch welche Orte fließt die Donau zwischen Regensburg und Passau? Schreibe sie auf.

3 Wie weit ist es …
a) … von Ulm nach Donauwörth?
b) … von Donauwörth nach Ingolstadt?
c) … von Ingolstadt nach Regensburg?
d) … von Regensburg nach Straubing?
e) … von Straubing nach Passau?
f) … von Ulm nach Passau?

4 Sportliche Radler können an einem Tag 100 km schaffen. Wie lange brauchen sie für die Strecke von Ulm bis Passau?

5 Hilf den Kindern, eine Radtour zu planen.

In einer Stunde schaffen wir etwa 15 km.

Ich kann nur vier Stunden pro Tag radeln.

Wir haben eine Woche Zeit. 5 Tage wollen wir radeln.

a) Wie viele km schaffen sie insgesamt?
b) Welche Touren könnten die Kinder radeln? Schreibe Start und Ziel auf. Welche Sehenswürdigkeiten liegen auf dem Weg?

Walhalla

Passau

Auf der Donau fahren Linienschiffe, auf denen man das Fahrrad mitnehmen kann. Besonders beliebt ist eine Schifffahrt durch den so genannten „Donaudurchbruch“ zwischen Weltenburg und Kelheim.
Die Donau fließt dort durch eine richtige Felsschlucht.

(6) Mateja fuhr mit ihren Eltern von Donauwörth nach Regensburg. Sie brauchten für die Strecke von 137 km nur 4 Tage. Am ersten Tag kamen sie bis Neuburg, das waren 34 km. Am zweiten Tag radelten sie 28 km und besichtigten Ingolstadt. Am dritten Tag kamen sie bis Kelheim. Die restlichen 35 km bis Regensburg radelten sie am vierten Tag.
An welchem Tag legten sie die längste Strecke zurück?

Du kannst dir einen Plan machen:

Gesamtstrecke: 137 km			
1. Tag: 34 km	2. Tag: … km	3. Tag: … km	4. Tag: … km

(7) Jonathan wohnt in Augsburg am Lech. Der Lech mündet nach etwa 45 km bei Donauwörth in die Donau.
Kann er es in 10 Tagen schaffen, von Augsburg aus an Lech und Donau entlang bis nach Passau zu radeln?
Wie weit müsste er jeden Tag fahren?

(8) Plane für dich und deine Familie eine Radtour.
Was wollt ihr sehen? Wo radelt ihr los?
Wie lange seid ihr unterwegs? Wie weit wollt ihr kommen?

Solche Schilder stehen an jedem Fluss, sie zeigen die Stromkilometer.

2227,2

Dieses Schild steht in Passau an der Donau.
Es bedeutet: Von hier sind es noch genau 2227,2 km bis zur Mündung ins Schwarze Meer.

www.fahrrad-tour.de
www.donautalradweg.de
www.adfc.de

AH S. 60

1 a) Baut Türme aus vier Steckwürfeln. 
Jede Farbe darf nur einmal vorkommen.
Wie viele verschiedene Türme könnt ihr bauen? Vermutet.
Zeichnet jeden Turm auf ein eigenes Blatt Papier.

b) Wie könnt ihr eure Türme ordnen?
Seid ihr sicher, dass ihr alle möglichen Türme gefunden habt?

c) Vergleicht eure Ergebnisse mit anderen Gruppen.

2 a) So haben Kinder geordnet. Erkläre.

b) Wie gehen die Reihen weiter? Zeichne einige Türme dazu.

3 Stelle dir vor: Du hast diese Steine. 
Du baust 3er-Türme. Jede Farbe darf nur einmal vorkommen.

a) Wie viele verschiedene Türme kannst du bauen? Vermute und probiere aus.

b) Max malt sich einen Plan. Kannst du ihn erklären?

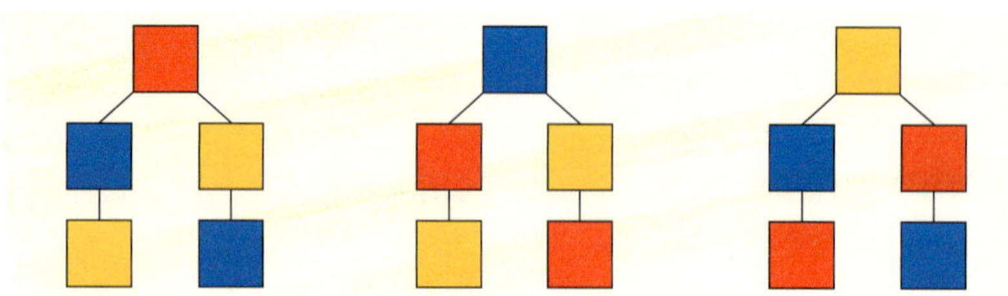

c) Male so einen Plan zu Aufgabe 1. Vergleiche.

4 Baue jetzt mit 4 Farben  3er-Türme. Jede Farbe darf nur einmal vorkommen. Wie viele verschiedene Türme kannst du bauen.

(5) Simsala hat sich ein Klappmännchen-Buch mit 3 verschiedenen Figuren gebastelt.

Clown Pipo — Frau Heizberg — Klaus Stürmer

a) Wie viele verschiedene Figuren kann Simsala klappen?

Vermute zuerst. Zeichne oder schreibe dann auf.

b) Simsala hat diesen Plan gezeichnet. Kannst du ihn erklären?

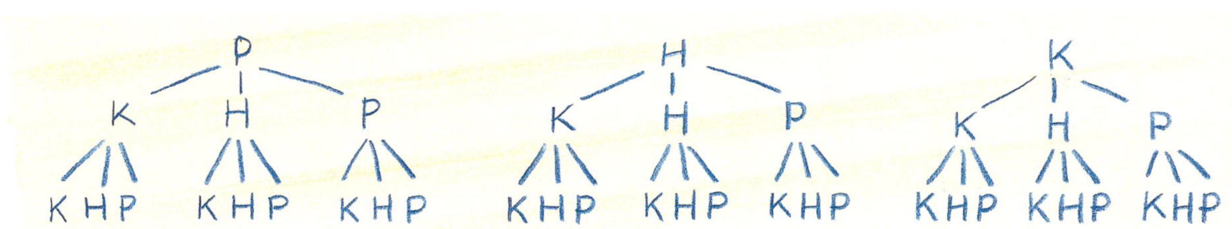

c) So entsteht ein Klappmännchenbuch:
Nimm ein dünnes Heft und schneide es in 3 Teile. Achtung: Die erste und letzte Seite nicht durchschneiden!

Wie viele Figuren kannst du bilden, ...
– wenn du eine Figur gemalt hast?
– wenn du zwei Figuren gemalt hast?
– wenn du drei Figuren gemalt hast?

d) Was wäre, wenn du noch eine vierte Figur maltest? Wie viele Figuren kannst du dann bilden?

1 Manchmal muss auch mit Kommazahlen schriftlich gerechnet werden.

KAUF GUT!
Der Supermarkt

Senf	2,59 €
Joghurt	0,48 €
Bananen	+ 2,86 €
Total	€
Zahlgeld	20,00 €
Rückgeld	€

Vielen Dank
für ihren Einkauf.

a) Rechne aus.

b) Schreibe auch diese Preise wie auf dem Kassenzettel untereinander und rechne den Gesamtpreis aus.

3,78 € + 4,12 € + 0,75 € = ☐
2,99 € + 7,95 € + 0,19 € = ☐
0,99 € + 6,58 € + 2,70 € = ☐

11,18 € + 2,29 € = ☐
4,98 € + 8,50 € = ☐
9,99 € + 2,98 € = ☐

Achte auf das Komma, es steht immer untereinander!

c) Bezahle die Rechnungen von b) jeweils mit einem 20 €-Schein: Wie viel bekommst du zurück?

d) Überlege: Wie viel bekommst du zurück, wenn du mit einem 50 €- oder 100 €-Schein zahlst?

2

4,49 €

6,95 €

19,90 €

39,99 €

45 €

8,45 €

Berechne das Rückgeld.

Gekauft:	Bezahlt mit:	Rückgeld:
DVD, Buch, Uhr		?
Buch, Auto, Katze		?
Fotoapparat, Auto, Uhr		?

3 Herr „Kauftzuviel" hat 100 €.

a) Was könnte er dafür kaufen? Stelle verschiedene Möglichkeiten zusammen.

b) Wie viel Geld braucht Herr „Kauftzuviel" zusätzlich, um alles zu kaufen?

☆ c) Was müsste Herr „Kauftzuviel" kaufen, um 100 € möglichst genau auszugeben? Vergleicht eure Lösungen. Wer kommt am nächsten an 100 €?

1 Tippe ein und sage vor jedem Gleichheitszeichen das Ergebnis voraus.

15 + 4 = = = …	42 + 6 = = = …	2 x 2 = = = …	4 x 4 = = = …
395 – 5 = = = …	513 – 12 = = = …	3 x 3 = = = …	10 x 1 = = = …

2 Überschlage zuerst.
Rechne dann mit dem Taschenrechner.

688 – 298 =	478 + 391 =	19 · 16 =	297 : 3 =
703 – 499 =	613 + 298 =	21 · 19 =	416 : 4 =

3 Kopfrechnen
Rechne im Kopf und tippe nacheinander nur die Ergebnisse ein.
Wenn die Aufgaben einer Reihe gerechnet sind, drehe den Taschenrechner auf den Kopf.
Was siehst du?

a) 42 : 6 21 : 7 36 : 4 27 : 9 40 : 8

b) 27 : 9 56 : 8 21 : 3 24 : 8 64 : 8 9 : 9 28 : 4

c) 12 : 4 36 : 4 18 : 6 12 : 12 22 : 11

4 Nur diese Tasten [2], [5], [+], [-], [·], [:] und [=] darfst du benutzen.
Wie erreichst du mit möglichst wenig Tippen diese Zahlen:

30 44 75 100

Schreibe auf.

5 Nahe an 1000
Bilde aus diesen Ziffern [1], [2], [3], [4], [8], [9] drei zweistellige Zahlen.
Multipliziere zwei dieser Zahlen. Die dritte wird nun addiert oder subtrahiert.
Ziel ist es, möglichst nahe an 1000 heranzukommen.

6 Tastensperre
Du darfst nicht alle Tasten benutzen, musst aber auf jeden Fall rechnen.

a) Die Tasten [+] und [7] sind gesperrt. Auf der Anzeige soll [677] stehen.

b) [+], [–] und [8] dürfen nicht benutzt werden. Auf der Anzeige soll die Zahl [54] erscheinen.

c) [–], [·] und [0] dürfen nicht verwendet werden. Wie kommst du zum Ergebnis [444]?

d) Finde weitere Aufgaben.

Überschlagen ...

Spiel für Blitzrechner

Spielt in der Gruppe:
- 1 Aufgabenkärtchen aufdecken.
- 10 Sekunden rechnen, Ergebnis aufschreiben.
- Wer kommt dem Ergebnis am nächsten?

Rechnen „wie der Blitz“ kannst du nur mit gerundeten Zahlen. Rechnen mit gerundeten Zahlen nennt man **Überschlagen**.

1 So haben die Kinder gerechnet.

352 + 251 + 194 = ☐

300 + 200 + 100   400 + 200 + 200   400 + 300 + 200

Wer trifft das Ergebnis am genauesten? Warum?

2 Findest du das Ergebnis blitzschnell?

a)

386 + 273 + 112	342 + 126 + 146	362 + 153 + 201
159 + 351 + 76	76 + 261 + 187	614 + 184 + 93

614   524   771   586   716   891

b)

789 – 348 – 202	812 – 204 – 289	554 – 311 – 149
907 – 178 – 458	648 – 253 – 344	987 – 514 – 449

24   51   94   239   271   319

3 Drei Ergebnisse sind falsch. Finde sie durch den Überschlag. Rechne dann richtig.

362 + 481 = 743	257 + 72 = 977	526 + 317 = 843
518 – 282 = 236	796 – 185 = 611	927 – 683 = 344

Genaue Fehlersuche.
Manche Fehler findet man nur durch genaues Überprüfen.

4 a)

Plusaufgabe:	Kontrolle:
353	353
+ 298	+ 298
1 1	1 1
651 ↓	651 ↑

Überprüfe und rechne dann richtig.

483	369	676	594	256	748
+ 257	+ 456	+ 149	+ 268	+ 675	+ 189
1 1	1	1 1	1 1	1	1 1
740	815	825	862	831	936

b) Rechne und überprüfe.

315	608	364	248	357	489
+ 437	+ 245	+ 249	+ 689	+ 479	+ 394
☐	☐	☐	☐	☐	☐

5 a)

Minusaufgabe:	Kontrolle:
7 4	
~~8~~~~5~~3	175
− 678	+ 678
	1 1
175 →	853

Überprüfe und rechne dann richtig.

10		10	10		
8 3	6 10	5 0 10	7 2 10	4 10	3 10
~~9~~~~4~~8	~~7~~25	~~6~~~~1~~2	~~8~~~~3~~~~7~~	~~5~~36	~~4~~58
− 279	− 384	− 474	− 549	− 273	− 286
679	341	238	288	263	162

b) Rechne und überprüfe mit der Umkehraufgabe.

774	557	917	312	671	503
− 348	− 373	− 683	− 189	− 392	− 257
☐	☐	☐	☐	☐	☐

Von Gewichten und vom Wiegen

AH S. 63

(1) Vergleicht die Obststücke mit euren Händen:
schwerer, leichter, gleich schwer?
Bei welchen Obststücken klappt das gut?
Begründe.

(2) Baut selbst eine Kleiderbügelwaage.
Welches Obst ist am schwersten/leichtesten?
Ordnet.

(3) Überprüft jetzt, ob ihr Recht habt. Wiegt euer Obst aus.
Bringt Waagen von zu Hause mit. Welche sind geeignet?

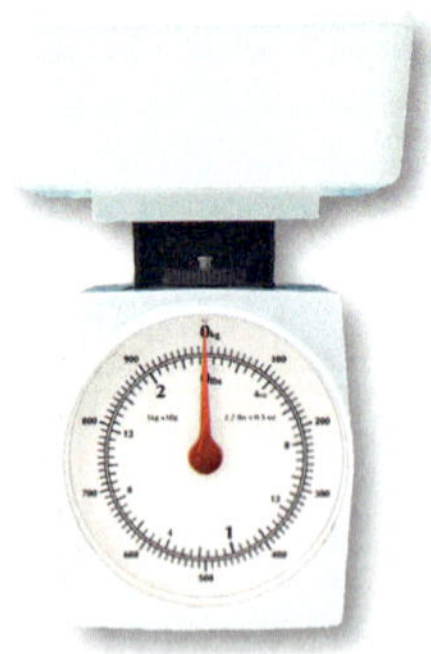

Ordnet nach dem Gewicht: ☐ g < ☐ g < ☐ g …

(4) Wiegt nun andere Dinge. Schreibt auf.

Das **Gewicht** messen wir in **Kilogramm** (**kg**) und **Gramm** (**g**).

ein Kilogramm	**1 kg = 1000 g**
ein halbes kg	$\frac{1}{2}$ **kg = 500 g = 1 Pfund**
ein viertel kg	$\frac{1}{4}$ **kg = 250 g**

5 Um Gewichte einschätzen zu können, helfen dir diese Vergleichsgewichte.

1 kg = 1000 g | 500 g = 1 Pfund | 250 g | 100 g | 50 g | 10 g | 2 g

a) Spielt Gewichte raten.
b) Immer 1 Kilogramm:

	Gewicht	Anzahl für 1 kg
Mehl	*1 kg*	*1*
Butter	*250 g*	...

c) Sucht weitere Dinge, die auch 1 kg, 500 g, 100 g, ... wiegen. Schätzt, überprüft.

6 Wie viel brauchst du ungefähr für 1 Kilo?
Runde die Gewichtsangaben, wenn nötig.

180 g	→	*ca. 200 g*
	→	*ca. 5 Äpfel*

180 g | 160 g | 240 g | 30 g | 110 g | 150 g

7

	Banane	Apfel	Orange	Honig-melone	...
Fruchtfleisch					
Kernhaus/Schale	48 g	46 g	54 g	540 g	
Gesamtgewicht	163 g	198 g	215 g	1100 g	

AH S. 64

1. Warum sollte ein Schulranzen nicht zu schwer sein? Begründe.

2. Wie schwer ist deine Schultasche?

   a) Wiege sie. Schreibe das Gewicht auf.

   b) Vergleicht in der Klasse. Ordnet nach dem Gewicht.

   c) Wie groß ist der Unterschied zwischen der schwersten und der leichtesten Tasche? Rechne aus.

3. Wählt die schwerste Schultasche aus eurer Gruppe.

   a) Wiegt die leere Tasche.

   b) Wiegt die einzelnen Bücher, Hefte, … Schreibt die Ergebnisse auf.

   c) Welche Gegenstände sind besonders schwer oder besonders leicht?

   d) Packt nur die notwendigen Dinge wieder ein. Wie viel Gewicht könntet ihr einsparen?

Schultasche		*g*
Federmäppchen		*g*
…		

4. Was kannst du aus deiner eigenen Tasche herausnehmen, damit sie leichter wird? Begründe.

⑤ Leon hat seine Schultasche ausgeräumt.

a) Wie viel wiegen seine Bücher? Rechne aus.

b) Wie viel wiegen das Federmäppchen und das Schlampermäppchen?

c) Wie viel wiegen die übrigen Dinge?

d) Wie viel wog Leons Schultasche mit dem gesamten Inhalt?

Zahlenzauber 3:	*4 3 0 g*
Sprachbuch	*...*
...	

⑥ Leon packt nur das Zahlenzauber Arbeitsheft, das Sprachbuch, das Deutschheft und das Federmäppchen ein. Die leere Flasche und die leere Brotzeitdose nimmt er auch noch mit.

a) Wie viel wiegt Leons Tasche auf dem Nachhauseweg?

b) Am nächsten Morgen ist die Schultasche um 450 g schwerer. Woran könnte das liegen?

c) Überlege dir selbst Aufgaben.

☆ ⑦ Schultaschenrätsel

a) Welche 3 Schulbücher wiegen zusammen 1 kg 235 g?

b) Meine Schultasche wiegt insgesamt 1 kg 720 g. Ich habe das Federmäppchen und 2 weitere Dinge eingepackt. Welche Dinge sind es?

c) Pauls Tasche wiegt normalerweise 4 kg 100 g. Heute nimmt er für Anja 2 Bücher mit. Seine Tasche wiegt daher 4 kg 875 g. Welche Bücher hat er für Anja eingepackt?

1 Was passiert beim Multiplizieren mit 10 und 100?

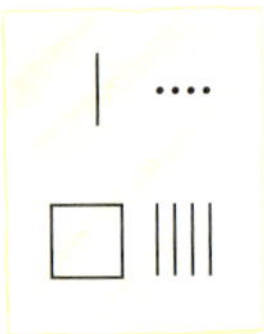

·10

T	H	Z	E
		1	4
	1	4	0

T	H	Z	E
		1	4
1	4	0	0

·100

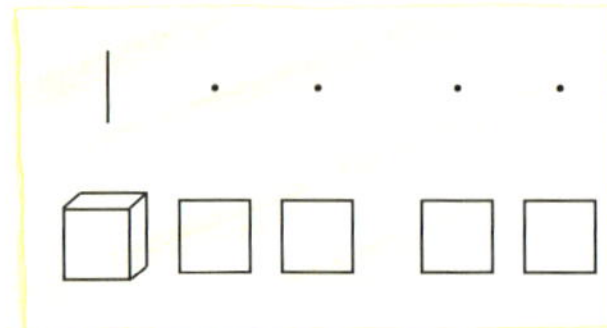

Beim Multiplizieren mit 10 werden aus Einern … und aus Zehnern …

		H	Z	E
7 · 1 = 7				7
7 · 10 = 70			7	
7 · 100 = 700		7		

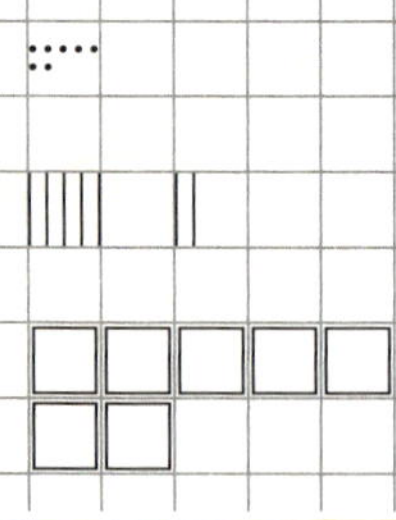

2 Schreibe so auf wie bei **1**.

a) 4 · 100
4 · 10
4 · 1

b) 8 · 10
8 · 100
8 · 1

c) 9 · 1
9 · 10
9 · 100

d) 10 · 1
10 · 10
10 · 100

3 Was passiert beim Dividieren durch 1, 10 und 100? Erkläre.

Beim Dividieren durch 10 werden aus Hundertern … und aus Zehnern …

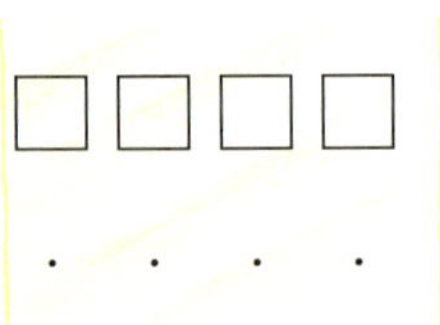

:100 / ·100

H	Z	E
4	0	0
		4

:10 / ·10

H	Z	E
4	0	0
	4	0

Schreibe so auf:

400 : 100 = 4
4 · 100 = 400
400 : 10 = ▒
▒ · 10 = ▒

4 Schreibe wie bei **3** Aufgabe und Umkehraufgabe auf.

a) 200 : 100
200 : 10
200 : 1

b) 700 : 1
700 : 100
700 : 10

c) 900 : 10
900 : 100
900 : 1

d) 1000 : 1
1000 : 10
1000 : 100

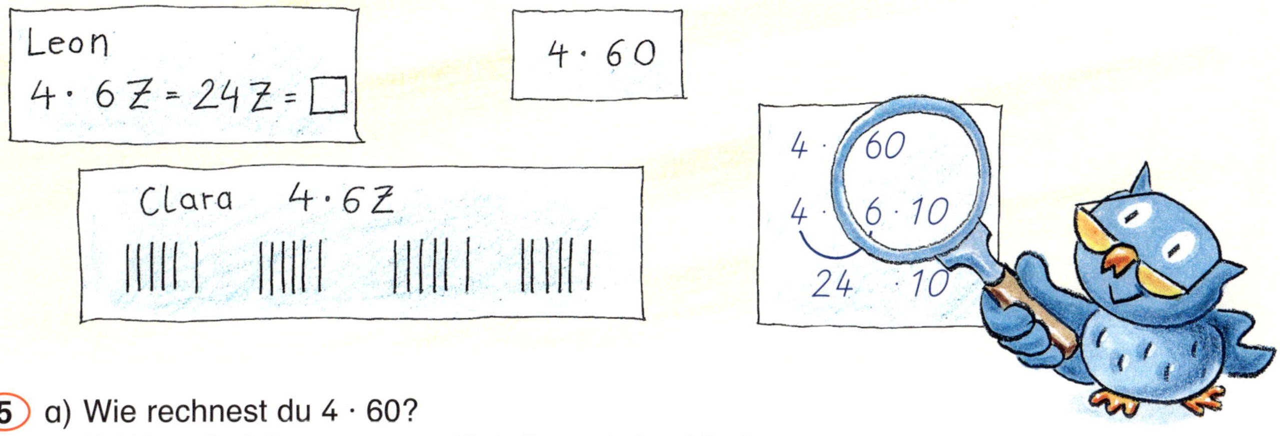

5 a) Wie rechnest du 4 · 60?
Erkläre die Lösungen von Eulalia und den Kindern.

b) Rechne aus.

4 · 30 7 · 60 3 · 90 5 · 50 8 · 70 6 · 80

6 Die Einmaleins-Aufgabe hilft.

2 · 7	8 · 5	3 · 8	4 · 7	6 · 9	2 · 4	5 · 8	7 · 2
2 · 70	8 · 50	3 · 80	4 · 70	…	…	…	…
20 · 7	80 · 5	30 · 8	…	…	…	…	…

7

a)	b)	c)	d)	e)
1 · 30	80 · 1	10 · 70	90 · 10	10 · 11
2 · 30	80 · 2	9 · 70	90 · 9	20 · 11
3 · 30	80 · 3	8 · 70	90 · 8	30 · 11
…	…	…	…	…

8 a)

240 : 60 = □
240 : 6 = □
24 : 6 = □

b) Mit diesen Malaufgaben
kannst du das Ergebnis überprüfen und erklären.

4 · 6 40 · 6 4 · 60

9 Rechne aus. Kontrolliere mit der Malaufgabe.

27 : 3	63 : 7	81 : 9	24 : 4	42 : 7	36 : 6
270 : 30	630 : 70	810 : 90	…	…	…
270 : 3	630 : 7	810 : 9	…	…	…

10

a)	b)	c)	d)
60 : 6	900 : 90	630 : 7	80 : 80
120 : 6	810 : 90	560 : 70	160 : 8
180 : 6	720 : 90	490 : 7	240 : 80
…	…	…	…

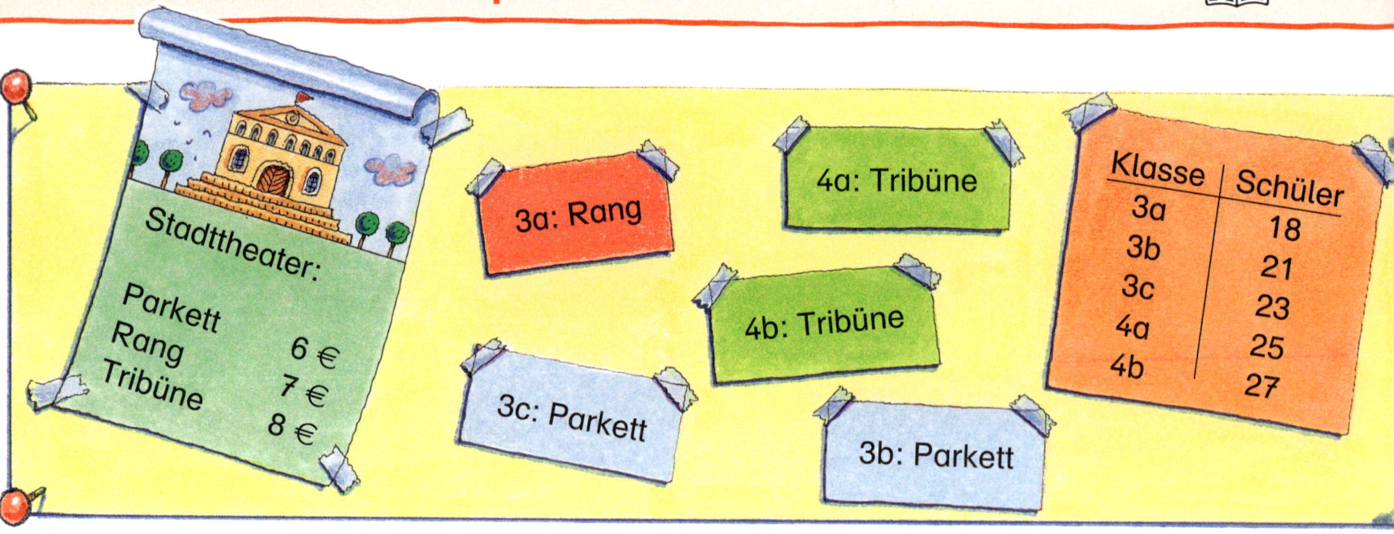

Die Kinder der Klasse 3a wollten wissen, wie viel sie bezahlen müssen. So haben sie gerechnet:

$7 \cdot 18 = \square$
$7 \cdot 10 = 70$
$7 \cdot 8 = 56$

$7 \cdot 18 = 70 + 56 = \square$

·	10	8	18
7	70	56	□

$7 \cdot 18 = \square$
70, 56

$7 \cdot 18 = \square$
$7 \cdot 8 = 56$
$7 \cdot 10 = 70$

1 Erkläre, wie die Kinder gerechnet haben.

2 a) Wie viel müssen die anderen Klassen bezahlen?

b) Wie viel kostet der Theaterbesuch insgesamt für alle Klassen?

3 Rechne auf deinem Weg:

a)	b)	c)	d)
3 · 33	54 · 4	4 · 36	52 · 8
2 · 75	63 · 7	2 · 85	39 · 7
9 · 81	78 · 9	6 · 47	64 · 2
5 · 64	44 · 6	5 · 62	86 · 8

4 Rechnen mit Hunderterzahlen

a) Wie zerlegst du 3 · 325 ?

3 · 300 3 · 25 3 · 20 3 · 320 3 · 5

b)	c)	d)	e)	f)
5 · 187	4 · 316	227 · 4	187 · 9	5 · 336
6 · 209	9 · 112	312 · 5	419 · 3	8 · 157

908, 935, 1008, 1254, 1256, 1257, 1264, 1560, 1680, 1683

5 Die vier Ergebnisse ergeben zusammen immer 1000.

138 · 2	104 · 4	26 · 8	114 · 2	38 · 4
97 · 2	37 · 4	48 · 8	72 · 2	115 · 4
187 · 2	87 · 4	17 · 8	□ · 2	□ · 4
78 · 2	22 · 4	34 · 8	□ · 2	□ · 4

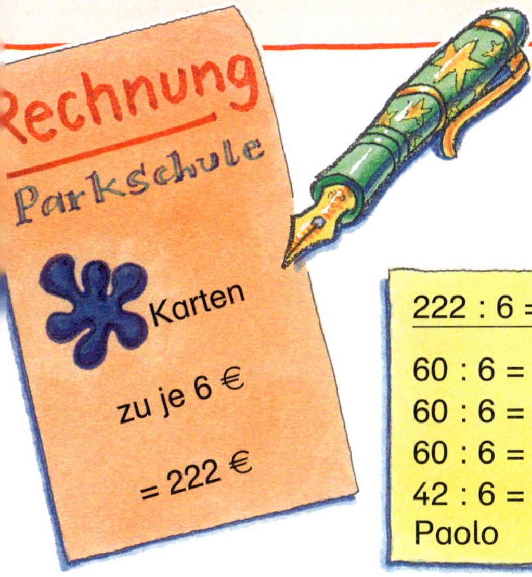

Wie viele Theaterkarten hat die Parkschule gekauft?

So haben einige Kinder gerechnet:

222 : 6 =
60 : 6 = 10
60 : 6 = 10
60 : 6 = 10
42 : 6 = 7
Paolo

222 : 6 = 37
180, 42
Leon

222 : 6 =
180 : 6 =
42 : 6 =
Jule

222 : 6 =
180 = 30 · 6
42 = 7 · 6
Maria

222 : 6 =
240 : 6 = 40
18 : 6 = 3
Corinna

6 Erkläre, wie die Kinder gerechnet haben.

7 Rechne auf deinem Weg.
Rechne auch die Probe.

a)	b)	c)	d)	e)	f)
183 : 3	168 : 6	434 : 7	981 : 9	186 : 6	168 : 3
190 : 5	208 : 2	444 : 4	445 : 5	224 : 7	336 : 6
112 : 8	351 : 9	660 : 6	217 : 7	656 : 8	666 : 9

8 Rechentricks: Erkläre die Ergebnisse.

5 · 46 =
10 · 46 = 460

6 · 39 =
6 · 40 = 240

4 · 73 =
2 · 73 = 146

Rechne trickreich.

a)	b)	c)	d)	e)
5 · 58	87 · 5	8 · 59	4 · 82	5 · 69
5 · 93	44 · 5	6 · 49	4 · 66	39 · 4
5 · 62	71 · 5	3 · 79	4 · 75	49 · 5

9 Halbschriftlich oder im Kopf?

a)	b)	c)	d)
111 · 5	4 · 128	84 : 3	434 : 7
333 · 3	5 · 162	90 : 5	444 : 4
316 · 2	8 · 104	112 : 8	660 : 6
178 · 7	6 · 199	168 : 6	224 : 7
195 · 10	8 · 27	208 : 2	336 : 6
516 · 2	6 · 89	351 : 9	672 : 9

① Messaufgaben:
Miss die benötigte Zeit mit einem Sekundenzeiger oder einer Stoppuhr.

Wie lange brauchst du, um deine Schuhe anzuziehen?

Wie lange brauchst du, um das Abc aufzusagen?

Wie lange kannst du dein Zahlenzauber-Buch auf dem Kopf balancieren?

Wie lange kannst du deinen Partner ansehen, ohne zu lachen?

Wie lange kannst du auf den Zehenspitzen stehen?

?

Wie lange …

> Um ganz kurze Zeitspannen zu messen, teilen wir die Minute in 60 Sekunden ein.
> Der Sekundenzeiger wandert einmal rund um das Ziffernblatt.
> 1 min = 60 s

② Beobachte den Sekundenzeiger bei seiner Runde.
Zähle die Sekunden mit.
Klopfe die Sekunden mit.

③ Schätzübung: Dein Partner hat die Uhr und sagt „los!", wenn der Sekundenzeiger bei der 12 ist. Kannst du genau sagen, wann 10 Sekunden vergangen sind, ohne auf die Uhr zu sehen?
Versucht es auch mit 15 Sekunden, 30 Sekunden, 1 Minute, …

④ Forsche nach: Wo werden Sekunden gemessen?
Wie werden sie aufgeschrieben? Was kannst du in 1 Sekunde tun?

⑤ Stunden – Minuten – Sekunden. Wandle um.

1 h = ☐ min	1 min = ☐ s	5 min 20 s = ☐ s	100 s = ☐ min ☐ s
2 h = ☐ min	10 min = ☐ s	2 min 50 s = ☐ s	200 s = ☐ min ☐ s
5 h = ☐ min	12 min = ☐ s	3 min 6 s = ☐ s	500 s = ☐ min ☐ s
10 h = ☐ min	15 min = ☐ s	6 min 3 s = ☐ s	1000 s = ☐ min ☐ s
★ 20 h = ☐ min	30 min = ☐ s	1 h = ☐ s	2000 min = ☐ h ☐ min

⑥ Von Sonnenaufgang bis Sonnenuntergang.

Datum	Sonnen-aufgang	Sonnen-untergang
21. Januar	7.57 Uhr	16.55 Uhr
21. Februar	7.11 Uhr	17.44 Uhr
21. März	6.14 Uhr	18.28 Uhr
21. April	6.12 Uhr	20.13 Uhr
21. Mai	5.27 Uhr	20.54 Uhr
21. Juni	5.13 Uhr	21.18 Uhr
21. Juli	5.36 Uhr	21.04 Uhr
21. August	6.16 Uhr	20.16 Uhr
21. September	6.59 Uhr	19.14 Uhr
21. Oktober	7.42 Uhr	18.13 Uhr
21. November	7.19 Uhr	16.29 Uhr
21. Dezember	8.01 Uhr	16.22 Uhr

Berechne die Zeitspannen. 21. Januar:

so

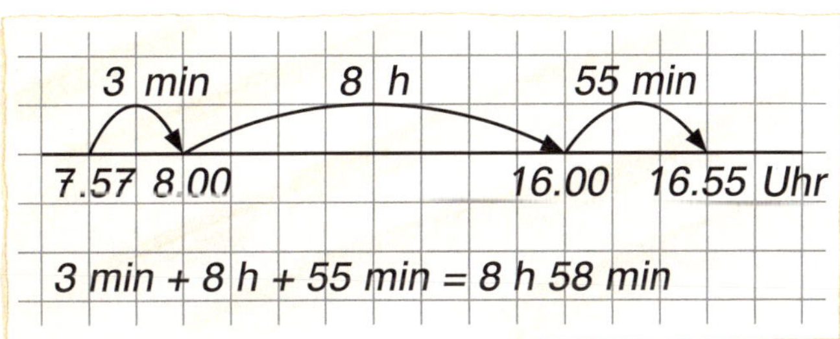

oder so

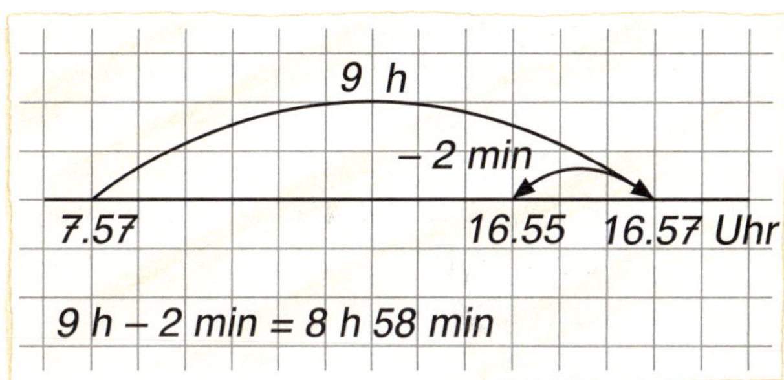

☆ ⑦ Du kannst die Ergebnisse auch in einem Schaubild darstellen.

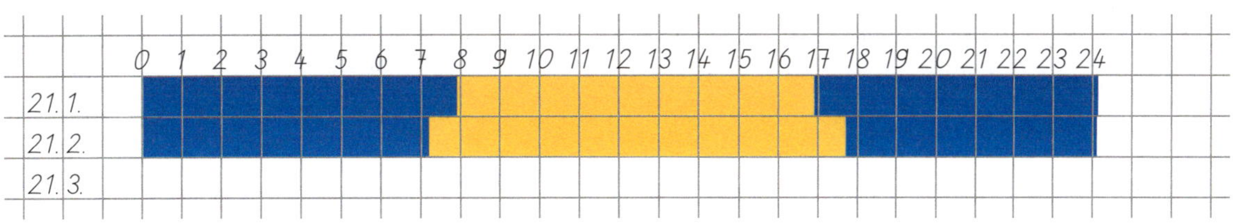

⑧ Gestaltet ein Lernplakat mit Zeitspannen.

- 1 Minute = ☐ Sekunden
- 1 halbe Stunde = ☐ Minuten
- 1 Stunde = ☐ Minuten
- 1 Dreiviertelstunde = ☐ Minuten
- 1 Viertelstunde = ☐ Minuten
- ?
- 1 Tag = ☐ Stunden
- 120 Minuten = ☐
- 1 Tag = ☐ Minuten
- 90 Minuten = ☐

① Immer ein Kilometer. Ergänze.

a)	b)	c)	d)	e)
300 m	450 m	375 m	748 m	49 m
600 m	950 m	425 m	401 m	12 m
500 m	150 m	875 m	398 m	97 m

② Eva und ihre Eltern machen eine Radtour.
Am ersten Tag radeln sie 37 km, am 2. Tag 45 km und am 3. Tag 29 km.

Wie viele km müssen sie am 4. Tag radeln, wenn die Gesamtstrecke 150 km beträgt?

③ Wie viel wiegt das Obst?

190 g	160 g	40 g	170 g	120 g	260 g

a) 2 Bananen, 3 Zitronen, 1 Apfel

b) 1 Orange, 4 Äpfel

c) 4 Pflaumen, 2 Birnen, 1 Orange

d) 2 Orangen, 1 Banane, 1 Birne

④ Paul wiegt 34 kg 500 g.
Seine Schwester Lisa wiegt 9 kg weniger.
Papa wiegt doppelt so viel wie Paul. Mama wiegt so viel wie die beiden Kinder zusammen.

Wie schwer ist jeder?

⑤ Wandle um:

a)	b)	c)	d)
2 min = □ s	360 s = □ min	2 min 12 s = □ s	30 s = □ min □ s
7 min = □ s	540 s = □ min	5 min 15 s = □ s	200 s = □ min □ s
5 min = □ s	180 s = □ min	1 min 4 s = □ s	380 s = □ min □ s
10 min = □ s	660 s = □ min	9 min 20 s = □ s	230 s = □ min □ s

6 Wie lange dauert es?

Radtour	Besuch im Tierpark	Kino	Zugfahrt
8.30–16.34 Uhr	10.15–14.35 Uhr	14.45–16.20 Uhr	11.37–14.13 Uhr

7

a)	b)	c)	d)
80 · 5 = □	5 · 90 = □	350 = □ · 50	900 = □ · 100
90 · 2 = □	4 · 80 = □	420 = □ · 70	240 = □ · 60
30 · 4 = □	8 · 70 = □	560 = □ · 80	720 = □ · 80
50 · 7 = □	6 · 40 = □	180 = □ · 90	270 = □ · 30

8

a)	b)	c)	d)
35 : 7 = □	56 : 8 = □	49 : 7 = □	28 : 4 = □
350 : 70 = □	560 : 80 = □	490 : 70 = □	280 : 40 = □
350 : 7 = □	560 : 8 = □	490 : 7 = □	280 : 4 = □

9

a)	b)	c)	d)
240 : 60 = □	400 : 50 = □	180 : 6 = □	150 : 3 = □
360 : 90 = □	210 : 30 = □	450 : 5 = □	320 : 4 = □
420 : 60 = □	540 : 90 = □	120 : 3 = □	480 : 6 = □
720 : 90 = □	630 : 70 = □	300 : 6 = □	280 : 7 = □

10 Max möchte sich Inline-Skater für 135 € kaufen.
Dazu benötigt er noch einen Helm für 21,99 € und Knieschoner für 19,99 €.
Er hat 80 € gespart. Zum Geburtstag bekommt er von den Großeltern 50 € und von der Tante 30 €.
Er könnte jeden Monat 5 € von seinem Taschengeld sparen.

a) Wie viel kostet alles zusammen?

b) Wie viel Geld hat er geschenkt bekommen?

c) Wie viel Geld hat er insgesamt?

d) Wie viel Geld fehlt noch?

e) Wie lange muss er noch sparen?

Überlege: Wie passen die Begriffe zur Aufgabe?

Gesamtpreis

Einzelpreis

vorhandenes Geld

fehlendes Geld

gespartes Geld

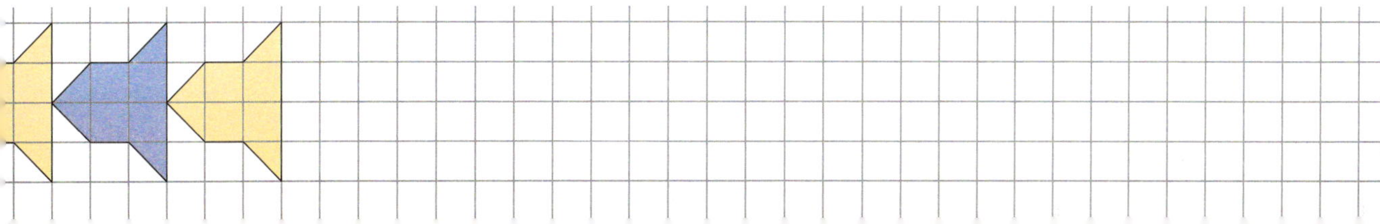

AH S. 72

Familie Westkamp aus Düsseldorf plant eine Reise zu Omas Geburtstag.

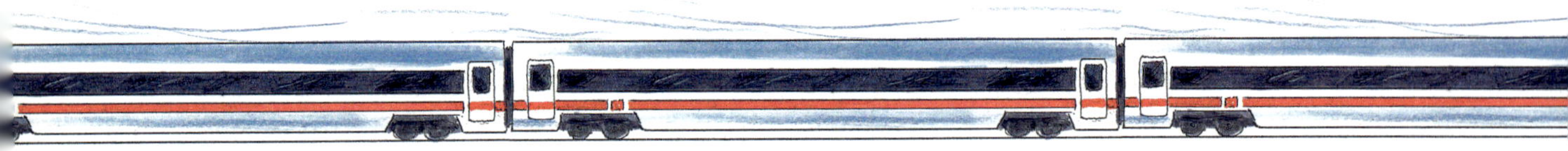

ICE (Intercityexpress)-Strecken:

1 Bist du schon einmal mit einem ICE-Zug gefahren? Findest du die Strecke auf dem Plan?

2 Schau auf die Karte und zeige:
a) Wo liegt dein Wohnort ungefähr?
b) Welche großen Städte liegen in deiner Nähe?
c) Welche Städte liegen im Norden, Süden, Westen, Osten Deutschlands?
d) Beschreibe. Achte dabei auf die Himmelsrichtungen. Wo in Deutschland liegen … München, Düsseldorf, Kiel, Freiburg, Kassel?

3 Wie können Westkamps und Meiers nach Berlin reisen? Durch welche Städte fahren sie? Zeige und beschreibe.

4 Wie könntest du nach Berlin fahren?

Frau Meier, die Schwester von Herrn Westkamp, wohnt in München.
Auch sie fährt mit ihren Kindern zu Omas Geburtstag.

www.bahn.de
www.olis-bahnwelt.de

Düsseldorf Hbf → Berlin Hbf

Ab	Zug			An
6:52	ICE	543	🍴	11:01
7:52	ICE	845	🍴	12:01
8:52	ICE	545	🍴	13:01
9:52	ICE	847	🍴	14:01
10:52	ICE	547	🍴	15:01
11:52	ICE	849	🍴	16:01
12:52	ICE	549	🍴	17:01
13:52	ICE	941	🍴	18:01

München Hbf → Berlin Hbf

Ab	Zug	An
7.20	ICE	13.10
7.43	ICE	14.13
8.20	ICE	14.13
9.21	ICE	15.10
9.45	ICE	16.13
10.20	ICE	16.13
11.20	ICE	16.21
12.25	ICE	17.10
12.55	ICE	18.11

Normalpreis ICE

Einfache Fahrt Berlin	Erwachsener	Kind bis 14 J.
Düsseldorf	102,-	51,-
München	116,-	58,-

(5) Wie lange dauern jeweils die Fahrten von Düsseldorf und München nach Berlin?

(6) Plane die Bahnfahrten so, dass die beiden Familien ungefähr zur gleichen Zeit in Berlin ankommen.

(7) Wie viel müssen beide Familien für Hin- und Rückfahrt bezahlen. Erkundige dich auch nach Sonderpreisen.

(8) Plane eine Fahrt für deine Familie nach Berlin. Besorge dir Informationen zu Fahrzeiten und Preisen.

① Was weißt du über Berlin?
Warst du schon einmal in Berlin?

www.berlin.de
Hauptstadt Deutschland:
3,4 Mio Einwohner,
Regierungssitz, …

② Die bekanntesten Sehenswürdigkeiten Berlins:

Suche diese Bauwerke auf der Karte. Die Planquadrate helfen dir dabei:

Siegessäule G7, Brandenburger Tor K ☐,
Reichstagsgebäude ☐ 6, Bundeskanzleramt ☐ ☐

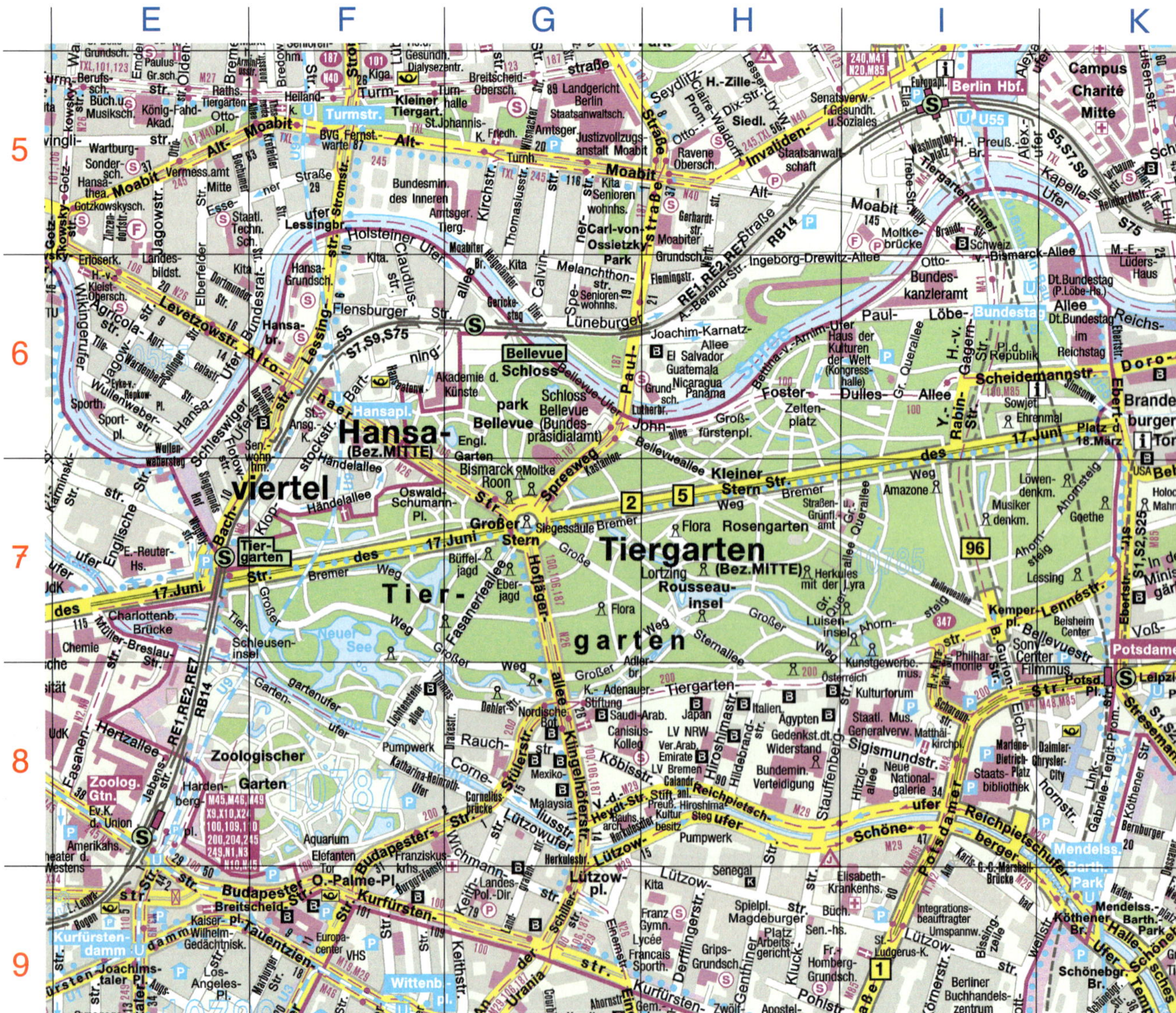

(3) Familie Westkamp und Familie Meier sind am Bahnhof Tiergarten (E7) angekommen. Oma wohnt am Lützow-Platz (G9). Suche auf der Karte.

(4) Oma macht mit ihren Gästen einen Stadtrundgang zu den bekanntesten Sehenswürdigkieten. Beschreibe.

(5) Berlin für Kinder: Was würde dich interessieren?

www.kinderberlin.de

Fernsehturm
Aussichtsplattform in 200 m Höhe;
Blick auf ganz Berlin,
bei gutem Wetter 40 km Weitsicht
Kinder 2,50 €, Erw. 5 €

Zuckermuseum
Die Geschichte des Zuckers und:
Wie viel Zucker ist in verschiedenen Nahrungsmitteln?
Eintritt frei

Naturkundemuseum
Brachiosaurusskelett, Diplodokus, starkvergrößerte Insektennachbildungen, …
Kinder 2 €, Erw. 3,50 €, Familien 7 €

Berliner Zoo
14 000 Tiere aus 1400 Arten;
sehenswertes Elefantentor
Kinder 4,50 €, Erw. 9 €

Kindermuseum Labyrinth
Wechselnde Ausstellungen, z.B. Detektivausstellung, Geräuschausstellung, …
Kinder 2,50 €, Erw. 3 €

Botanischer Garten
18 000 Pflanzenarten; Tropenhaus
Kinder 2 €, Erw. 4 €

Zeiss-Planetarium
Ihr könnt den Himmel über Berlin erkunden.
Kinder und Erw.: 4 € bis 5 €

Bootsfahrt auf der Spree
Regierungsviertel, Reichstag, Berliner Dom, Museumsinsel
Fahrpreis 9,50 €

(6) Plane Besichtigungen für die beiden Familien. Berechne die Eintrittspreise.

☆ (7) Berlinspezialitäten:

a) Berlin hat ca. 1700 Brücken, weit mehr als Venedig. Wenn du jeden Tag eine Brücke anschauen würdest, wie lange müsstest du dann in Berlin bleiben?

b) Im Jahre 1881 wurde in Berlin die erste elektrische Straßenbahn der Welt in Betrieb genommen, 1897 begann man mit dem U-Bahn-Bau. Wie lange ist das her?

c) Von 1961–1989 war Berlin durch eine 165 km lange und vier Meter hohe Mauer in West-Berlin und Ost-Berlin geteilt. Heute sind nur noch kleine Reste zu sehen. Den Verlauf der Mauer erkennst du auf der Karte an der gepunkteten Linie.
www.die-berliner-mauer.de

Indianermuster

AH S. 73

(1) a) Übertrage die Muster auf Karopapier und ergänze sie.
Benutze das Lineal. Überprüfe mit dem Zauberspiegel.

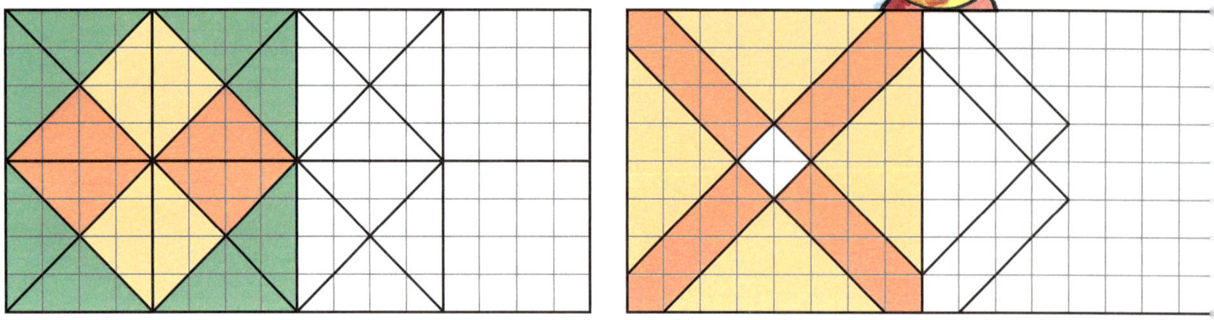

b) Übertrage auch diese Muster und setze sie fort.

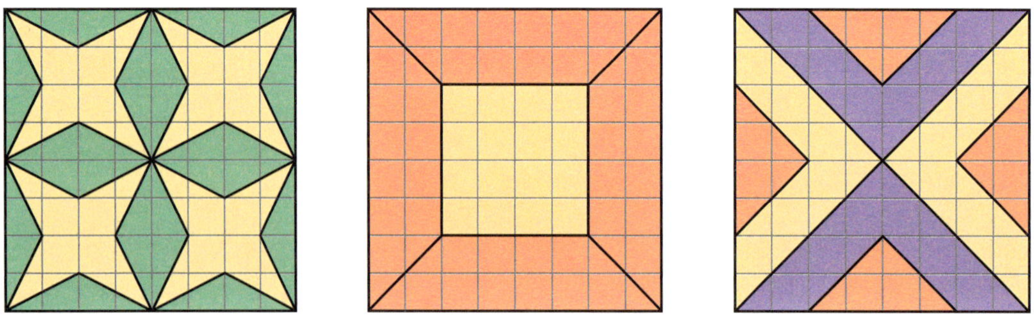

c) Erfinde selbst Muster.

(2) So wird daraus ein Indianerstirnband.

1. Streifen und Feder auf Pappe kleben

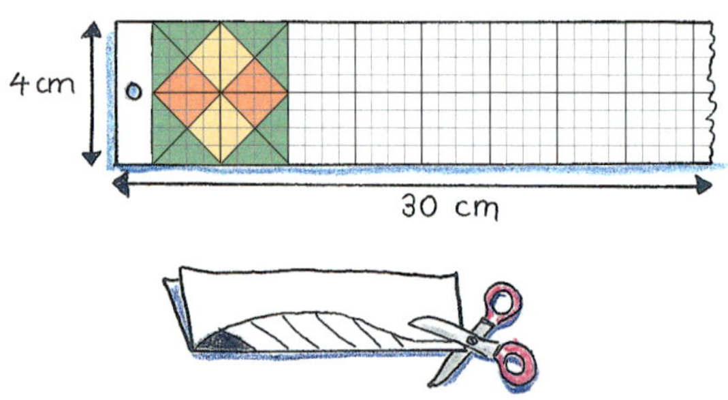

2. dann einen Gummi einknoten

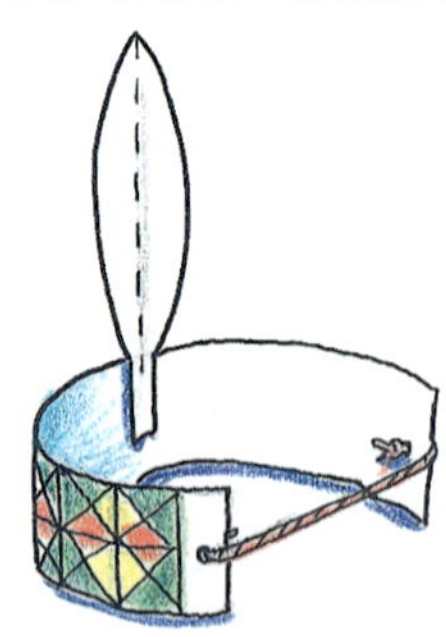

Indianer
Bevor Menschen aus Europa nach Amerika kamen, lebten dort nur „Indianer“. Den Namen „Indianer“ erhielten sie, weil die Europäer glaubten, in Indien gelandet zu sein.
Die wichtigsten Männer in einem Stamm waren der Häuptling und der Medizinmann.
Die bekannteste Unterkunft war das Tipi, ein Zelt.

Und was weißt du noch von den Indianern?
Viel Interessantes findest du unter www.kindernetz.de

Muster in alle Richtungen fortsetzen

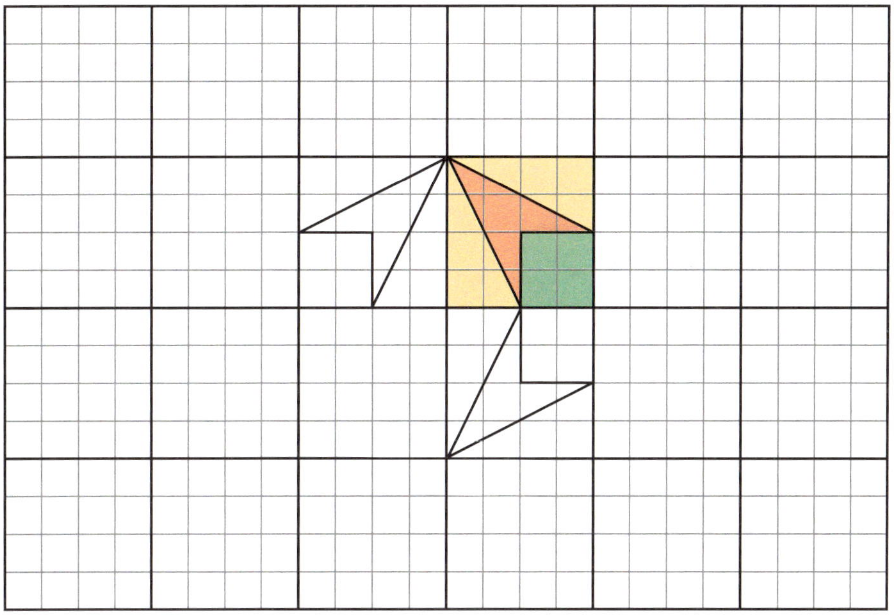

③ a) Übertrage das Muster auf Karopapier.
Setze es fort, soweit du kannst und willst.

b) Wo findest du beim Muster Symmetrieachsen?
Überprüfe mit dem Zauberspiegel.

④ Weitere Muster

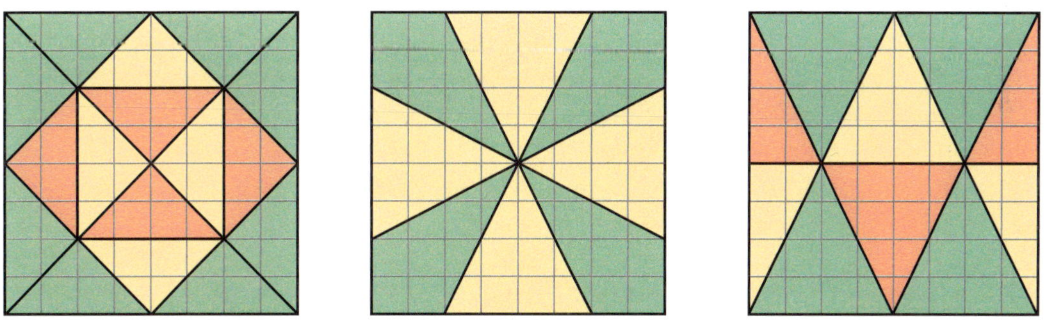

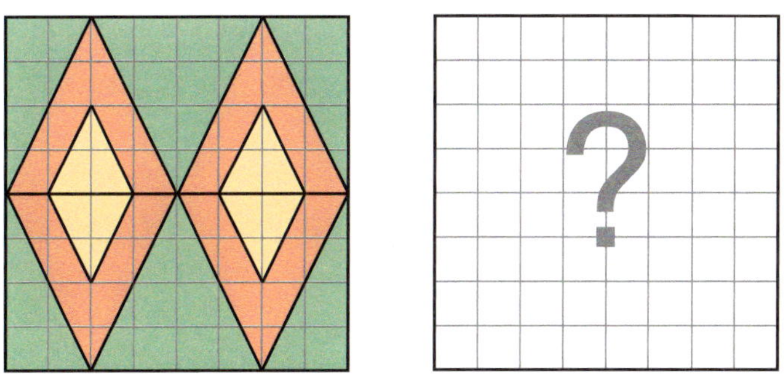

a) Wähle ein Muster aus. Male es in dein Heft.
Setze es in verschiedene Richtungen fort.

b) Wo findest du Symmetrieachsen?

AH S. 74/75

Wie Kinder ihre Freizeit verbringen

1 Kinder der Klasse 3a führten bei den 3. Klassen ihrer Schule eine Umfrage zum Thema „Sport und Freizeit" durch. Jeder konnte zwei Lieblingssportarten nennen. Das sind die Ergebnisse.

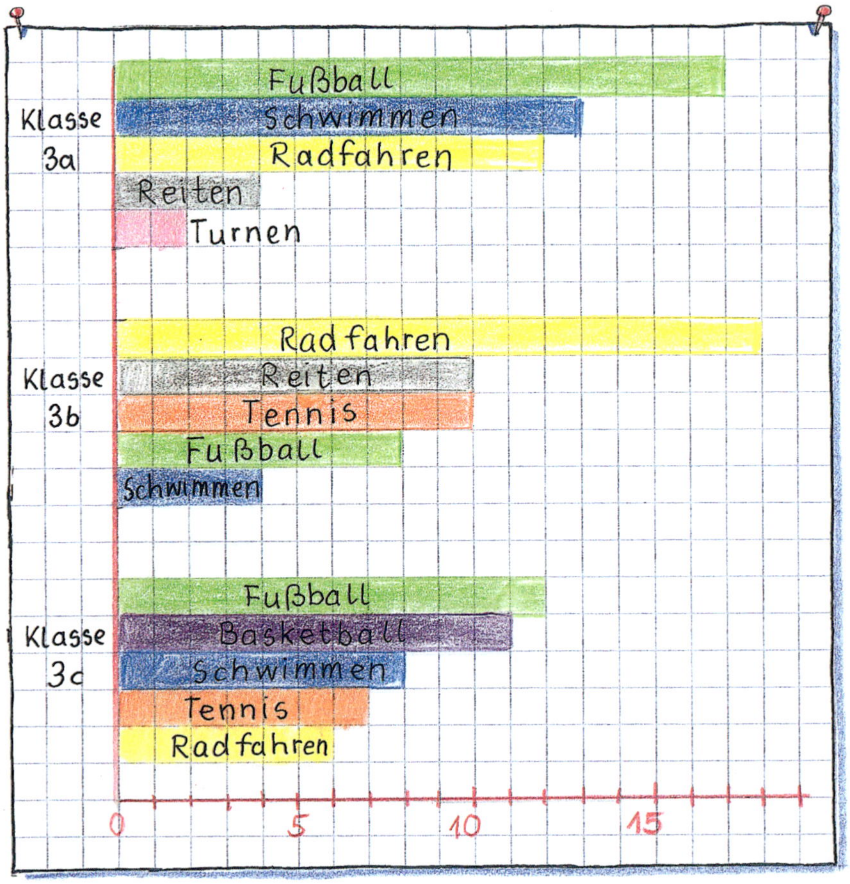

a) Welche Informationen kannst du aus den Schaubildern entnehmen?

b) Vergleiche die einzelnen Klassen:
- Was erkennst du auf den ersten Blick?
- Werden in jeder Klasse die gleichen Sportarten genannt?
- …

c) Erstelle zu diesem Balkendiagramm eine Tabelle.

	Anzahl der Kinder			
	3a	3b	3c	zusammen
Fußball				
Schwimmen				
...				

Überlege:
Wie viel Platz brauchst du für den längsten Balken?

d) Zeichne ein Schaubild für die Ergebnisse aus allen 3 Klassen.

2 Führt eine Umfrage an eurer Schule zum Thema „Sport und Freizeit" durch. Erstellt ein Schaubild.

3 Die Kinder der 3. Klassen haben in ihrer Freizeit neben Sport noch andere Interessen. Diese sind in dem Kreisdiagramm dargestellt.

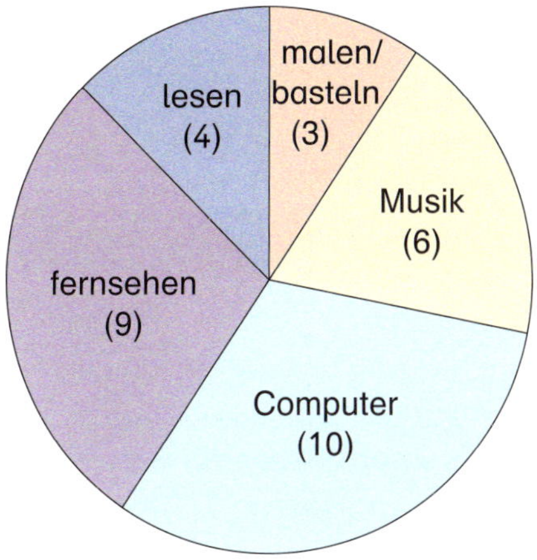

a) Welche Informationen kannst du aus dem Schaubild entnehmen?

b) Was siehst du auf den ersten Blick?

c) Welches Hobby ist am beliebtesten? Welche Freizeitbeschäftigung nannten die wenigsten Kinder?

d) Ordne die Hobbys nach ihrer Beliebtheit.

e) Verwende diese Begriffe bei der Erklärung des Schaubildes.

f) Stimmen diese Aussagen?

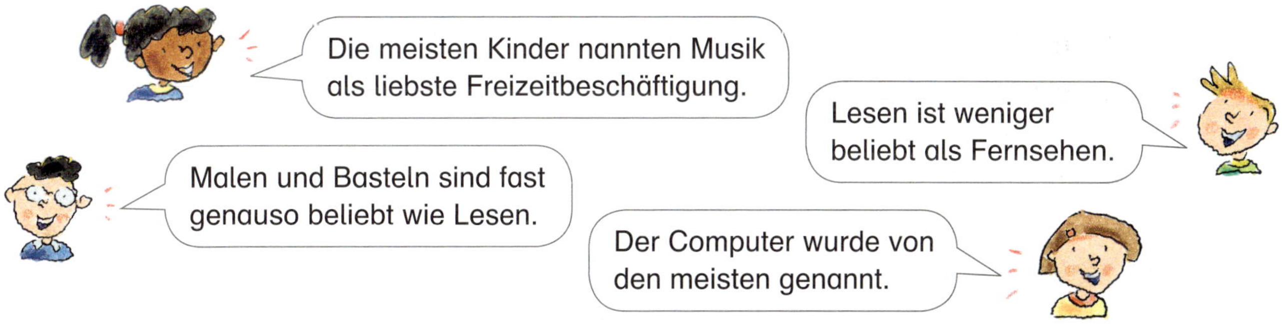

4 Die 3. und 4. Klassen veranstalten in ihrer Freizeit einen Sponsorenlauf.
Für jeden Kilometer erhält ein Kind 2,50 €.
Die Tabelle zeigt die Ergebnisse der einzelnen Klassen.

Klasse	3a	3b	3c	4a	4b	4c
km	58	57	60	75	71	79

a) Zeichne ein Schaubild. 1 cm entspricht 10 km.

b) Wie viele km liefen alle Kinder zusammen?

c) Wie viel Geld wurde insgesamt eingenommen?

Simsala und Bim erforschen das Dino-Land

AH S. 76

Simsala und Bim wollen das Dino-Land erforschen. Nach einer langen Reise treffen sie endlich auf drei freundliche, schwergewichtige Gesellen, die sich ihnen gerne vorstellen.

Ich bin Naso-Dino und kann stinkenden, schwefeligen Rauch durch meine Nase blasen. Ich wiege 1 Tonne und 662 kg, bin drei mal 4 m groß und 149 Jahre alt.

Ich bin 9 Jahre älter und 5 m größer als Naso-Dino. Ich wiege 1 Tonne und 435 kg und mein Name ist Schoko-Dino, weil ich so gerne heiße Schokolade trinke.

Ich heiße Trampo-Dino und wiege doppelt so viel wie Schoko-Dino. In 8 Jahren werde ich 200 Jahre alt. Ich bin drei mal 7 m groß. Wenn ich durch das Dino-Land trample, bebt die Erde.

(1) Simsala und Bim schreiben sich alle wichtigen Informationen in ihrem Forscherbuch auf. Sie machen sich dazu eine Tabelle. Zeichne die Tabelle in dein Heft und fülle sie aus.

Name	*Naso-Dino*	*Schoko-Dino*	*Trampo-Dino*
Gewicht			
Alter			
Größe			

(2) Stellt euch gegenseitig Fragen zu den Dinos. Könnt ihr alle Fragen beantworten?

1 Tonne (t) = 1000 kg

Auf ihrem Weg durch das Dino-Land geraten Simsala und Bim plötzlich an drei furchterregende Dinos, die ihnen den Weg versperren. Die Zauberkinder sollen einen Beweis ihrer Zauberkunst und Schlauheit geben, sonst müssen sie auf ewig im Dino-Land bleiben. Simsala und Bim schlottern die Knie bei diesem Gedanken, doch schon stellt ihnen einer der Dinos eine schwierige Aufgabe. Sie sollen herausfinden, welcher der drei Dinos in welcher Höhle wohnt.

Ich, Dino Nummer 1, bin größer als Naso-Dino und kleiner als Schoko-Dino. Ich bin auch älter als Schoko-Dino. Ich bin leichter als Trampo-Dino und schwerer als Naso-Dino.

Ich, Dino Nummer 2, bin älter als Schoko-Dino, kleiner als Trampo-Dino und größer als Naso-Dino. Ich wiege 76 kg weniger als Naso-Dino.

Ich, Dino Nummer 3, bin nicht mehr schwer zu erraten, wenn ihr die anderen beiden Rätsel gelöst habt.

3) Simsala und Bim lösen die Rätsel mithilfe ihrer Tabelle. Findest du auch die richtige Lösung?

Simsala und Bim können jedem Dino die richtige Höhle zeigen. Nach diesem und einigen anderen Abenteuern kehren sie wieder in ihren Zauberwald zurück.

4) Erfindet weitere Dinos und stellt euch Rätselfragen.

① Annarosa aus **Italien** berichtet:

Wir haben jede Woche 27 Stunden Unterricht. Eine Schulstunde dauert bei uns 60 Minuten.

a) Wie lange dauert bei dir eine Unterrichtsstunde? Wie viele Stunden Schule hast du pro Woche?
b) Hast du mehr oder weniger Unterricht als Annarosa?

Schulstunden	Dauer
1	45 min
2	1h 30 min
3	2h 15 min
4	3h
5	
6	

② Isabelle aus **Frankreich** erzählt:

Ich stehe um 7 Uhr auf. Um 8 Uhr gehe ich los. Um 8.15 Uhr fährt mein Schulbus. Der Unterricht beginnt um 8.45 Uhr. Von 12.45 Uhr bis 14.30 Uhr haben wir Mittagspause. Der Nachmittagsunterricht dauert bis 16.30 Uhr. Um 17.15 Uhr bin ich zu Hause. Meistens muss ich dann noch eine Stunde Hausaufgaben machen. Am Mittwoch, am Samstagnachmittag und am Sonntag haben wir keine Schule.

a) Vergleiche deinen Schultag mit dem von Isabelle.
b) Wie viele Stunden Unterricht hat Isabelle …
– an einem Tag?
– in einer Woche?
c) Wie lange ist sie von zu Hause weg?

Beginn : 8.45 Uhr
Ende : ?
Dauer: ?

Verlassen des Hauses : __ Uhr
Rückkehr : ?
Dauer : ?

③ Matti lebt im Norden **Finnlands**.
Er erzählt von der Polarnacht:

Vom 20. November an geht bei uns 51 Tage lang die Sonne nicht auf, es bleibt immer dunkel. Wenn die Sonne wieder zu sehen ist, feiern wir ein großes Fest und haben schulfrei.

a) Wie viele Wochen dauert die Polarnacht?
b) An welchem Tag hat Matti schulfrei?
c) Im Sommer geht im Norden Finnlands dafür die Sonne 73 Tage lang nicht unter, es ist die Zeit der Mitternachtssonne. In Mattis Heimat beginnt diese Zeit am 21. Mai. Wann endet die Mittsommernacht?
d) Sommerferien: 29. Mai bis 11. August. Was fällt dir auf?

Nov: 11 Tage
Dez: ?
…

④ Sicher kennt ihr Kinder aus anderen Ländern, vielleicht auch in eurer Klasse. Fragt sie, wie ein Schultag in ihrem Heimatland aussieht. Vergleicht mit eurem Schultag.

Informationen unter:
www.blinde-kuh.de

Sommerferien 2011

5) Wann haben die Kinder in den verschiedenen Ländern Europas Sommerferien?
   a) Nimm einen Kalender und zeige die Ferienzeit.
   b) Welches Land beginnt als erstes mit den Sommerferien? Welches als letztes?

6) Wie lange dauern die Sommerferien in diesen Ländern: Deutschland (Baden-Württemberg / Nordrhein-Westfalen), Großbritannien, Italien und Schweden. Was fällt dir auf? Warum ist das so?

7) Findest du die beiden Länder, in denen die Ferien genauso lange dauern, wie in Italien? Wie heißen sie?

8) In Deutschland haben die Kinder nicht alle gleichzeitig Ferien. Besorge dir einen Ferienkalender von Deutschland und vergleiche die Sommerferien in den verschiedenen Bundesländern.

Bist du fit? Abschied von der 3. Klasse

1 Schreibe die Zahlen auf:

a) 4 H 9 E
9 H 7 Z
5 H 3 E

b) 6 H 8 Z 2 E
5 Z 4 E 2 H
8 E 9 H 1 Z

c) 6 E 4 Z
6 H 4 E
6 Z 4 H

2 Rechne:

10 + 20 + 30 + 40 + 50 + 60 + 70 + 80 + 90 + 100 + 110 + 120 = □

1000 – 100 – 90 – 80 – 70 – 60 – 50 – 40 – 30 – 20 – 10 = □

3 489 + □ = 1000
506 + □ = 1000
892 + □ = 1000

4

```
  4 0 5
+ □ 3 1
-------
  9 3 □

  6 □ 1
+ □ 4 □
-------
  7 9 6

  4 9 □
+ □ 6 4
-------
  6 □ 8
```

5

a) 7 · 4   7 · 8
8 · 4   8 · 8
9 · 4   9 · 8

b) 5 · 7   7 · 9
6 · 7   8 · 9
7 · 7   9 · 9

6

a) 240 = □ · 3
240 = □ · 40
240 = □ · 60

b) 360 = □ · 40
360 = □ · 90
360 = □ · 6

7 3 Zahlen – 4 Aufgaben:

60, 4, 240   720, 8, 90   560, 7, 80

8 a) Ich denke mir eine Zahl, verdopple sie, zähle 40 hinzu und erhalte 200. Wie heißt meine Zahl?

b) Meine Zahl hat 8 Hunderter und halb so viele Einer. Wie heißt sie?

c) Wenn ich von meiner Zahl 100 abziehe und das Ergebnis verdopple, erhalte ich 800. Wie heißt sie?

d) 3 · 8, aufgewacht!
Die Zahl plus 4, geteilt durch 7,
Das Ergebnis wird jetzt aufgeschrieben.
Teilst du dann die Zahl durch 4,
Fertig ist das Elixier.

9

1000			
	520		
	250		
130			

1000			
640			
		220	
	40		

900			
350			
		325	
	25		

10

847	584	908	395	758	293
− 279	+ 368	− 567	+ 489	− 586	+ 659
☐	☐	☐	☐	☐	☐

11

a) 42 : 6
42 : 7
42 : 8
42 : 9
42 : 10

b) 60 : 3
60 : 4
60 : 5
60 : 6
60 : 7

12

300 : 3
300 : 10
300 : 30
300 : 100
300 : 60
300 : 50
300 : 6
300 : 5

13

a) 72 : 9
72 : 8
72 : 7
72 : 6
72 : 5

b) 720 : 10
720 : 9
720 : 8
720 : 80
720 : 60

14

248 → + 72 → : 8 → · 12 → : 60 → + 92 → ☐

15 >, <, =:

793 ◯ 520 + 375
641 ◯ 325 + 316
818 ◯ 1000 − 272

16

a) Andreas ist doppelt so schwer wie Sarah. Zusammen wiegen sie 42 kg. Wie viel wiegt Andreas, wie schwer ist Sarah?

b) Paulina ist 21 cm größer als Annabel, aber 7 cm kleiner als Lena. Lena ist 1,24 m groß. Wie groß sind Paulina und Annabel?

c) Frau Müller kauft Schuhe für 74 €, einen Pulli für 69 € und eine Bluse für 36 €. Wie viel bekommt sie zurück, wenn sie mit 200 € bezahlt?

d) Familie Schneider fährt um 9.30 Uhr zu Hause los und kommt um 13.45 Uhr bei Oma an. Wie lange war sie unterwegs?

Größen, Zeichen, Abkürzungen

Längen

1 km = 1 000 m
1,5 km = 1 km 500 m
= 1 500 m

1 m = 100 cm
2,8 m = 2 m 80 cm
= 280 cm

1 cm = 10 mm
7,4 cm = 7 cm 4 mm
= 74 mm

Vergleichslängen

Diese Vergleichslängen solltest du dir merken:

So kannst du ohne Messgeräte messen.

1 mm

Dicke einer Münze

1 cm

Fingerbreite

10 cm

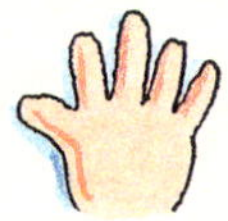

Handbreite

1 m

großer Schritt

10 m

Länge Klassenzimmer

100 m

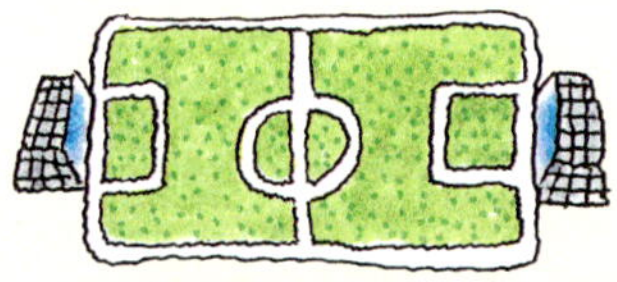

Länge Fußballfeld

1 km

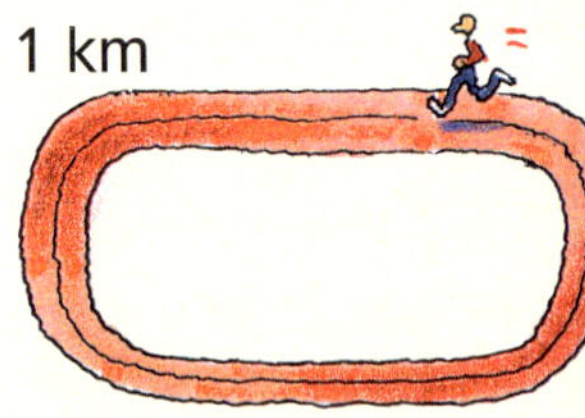

$2\frac{1}{2}$ Runden auf dem Sportplatz

Geld

1 € = 100 ct
1,42 € = 1 € 42 ct = 142 ct

Vergleichspreise

Das kannst du dir für die angegebenen Beträge kaufen:

1 €

10 €

100 €

1 000 €

10 000 €

Gewichte

1 kg = 1 000 g
$\frac{1}{2}$ kg = 500 g

1 000 kg = 1 Tonne (1 t)
500 kg = $\frac{1}{2}$ Tonne ($\frac{1}{2}$ t)

Messinstrumente

Personenwaage

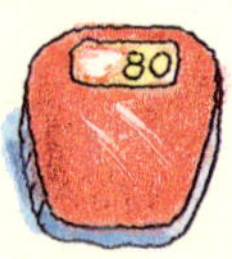

Paketwaage

Haushaltswaage

Briefwaage

Vergleichsgewichte

Diese Vergleichsgewichte solltest du dir merken:

1 g

halbes Gummibärchen

10 g

Schokoriegel

100 g

Tafel Schokolade

1 kg

Tüte Mehl

10 kg

Eimer Wasser

100 kg

schwerer Mann

1 000 kg = 1 t

kleines Auto

Zeit

1 Jahr = 12 Monate = 365 Tage (366 Tage)
1 Monat hat 31, 30, 28 Tage (29 Tag
1 Tag = 24 h (Stunden)
1 h = 60 min (Minuten)
1 min = 60 s (Sekunden)

Geometrie

Flächen

Symmetrieachse

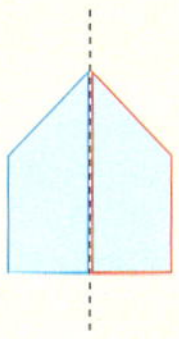

Faltwinkel

rechter Winkel

rechter Winkel

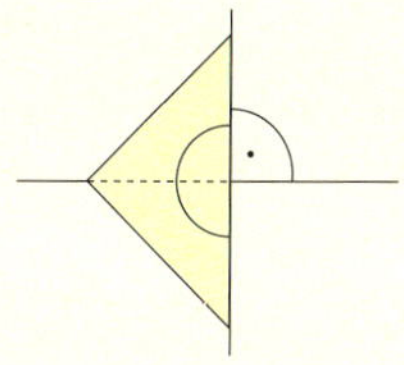

Viereck

Rechteck

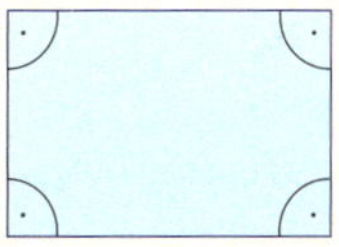

Quadrat

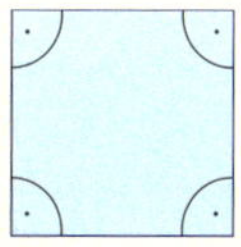

Dreieck

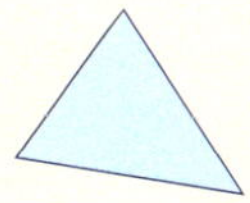

Kreis

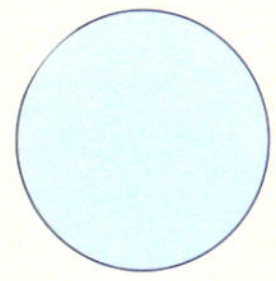

Körper

Würfel

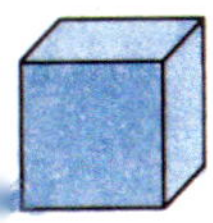

Ecken: 8
Kanten: 12
Flächen: 6

Quader

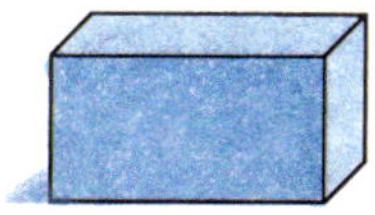

Ecken: 8
Kanten: 12
Flächen: 6

Zylinder

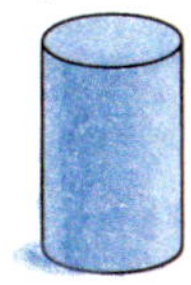

Ecken: 0
Kanten: 2
Flächen: 3

Kegel

Ecken: 1
Kanten: 1
Flächen: 2

Kugel

Ecken: 0
Kanten: 0
Flächen: 1

Viereckspyramide

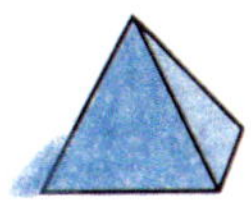

Ecken: 5
Kanten: 8
Flächen: 5

Schriftliches Rechnen

Plusaufgaben

	3	2	7
+	4	2	8
		1	
	7	5	5

Sprechweise
7 plus 8 gleich 15, 5 an,
1 gemerkt,
2 plus 3 gleich 5, 5 an,
3 plus 4 gleich 7, 7 an.

Minusaufgaben (Abziehen)

		4	10
	3	~~5~~	2
−	1	1	8
	2	3	4

Sprechweise
2 minus 8 geht nicht,
1 Z wechseln, 4 Z bleiben,
12 minus 8 gleich 4, 4 an,
4 minus 1 gleich 3, 3 an,
3 minus 1 gleich 2, 2 an.

Minusaufgaben (Ergänzen)

	3	5	2
−	1	1	8
		1	
	2	3	4

Sprechweise
8 plus <u>4</u> ist 12, 4 an,
1 gemerkt,
2 plus <u>3</u> ist 5, 3 an,
1 plus <u>2</u> ist 3, 2 an.

Minusaufgaben mit 0

	4	9	10
	~~5~~	~~0~~	7
−	2	1	8
	2	8	9

Sprechweise
7 minus 8 geht nicht,
1 Z wechseln, 49 Z bleiben,
17 minus 8 gleich 9, 9 an,
9 minus 1 gleich 8, 8 an,
4 minus 2 gleich 2, 2 an.

Fachbegriffe

Addieren
3 + 5 = 8 ← Summe

Multiplizieren
3 · 5 = 15 ← Produkt

Subtrahieren
8 – 5 = 3 ← Differenz

Dividieren
15 : 3 = 5 ← Quotient

Der Reste – Tausendfüßler

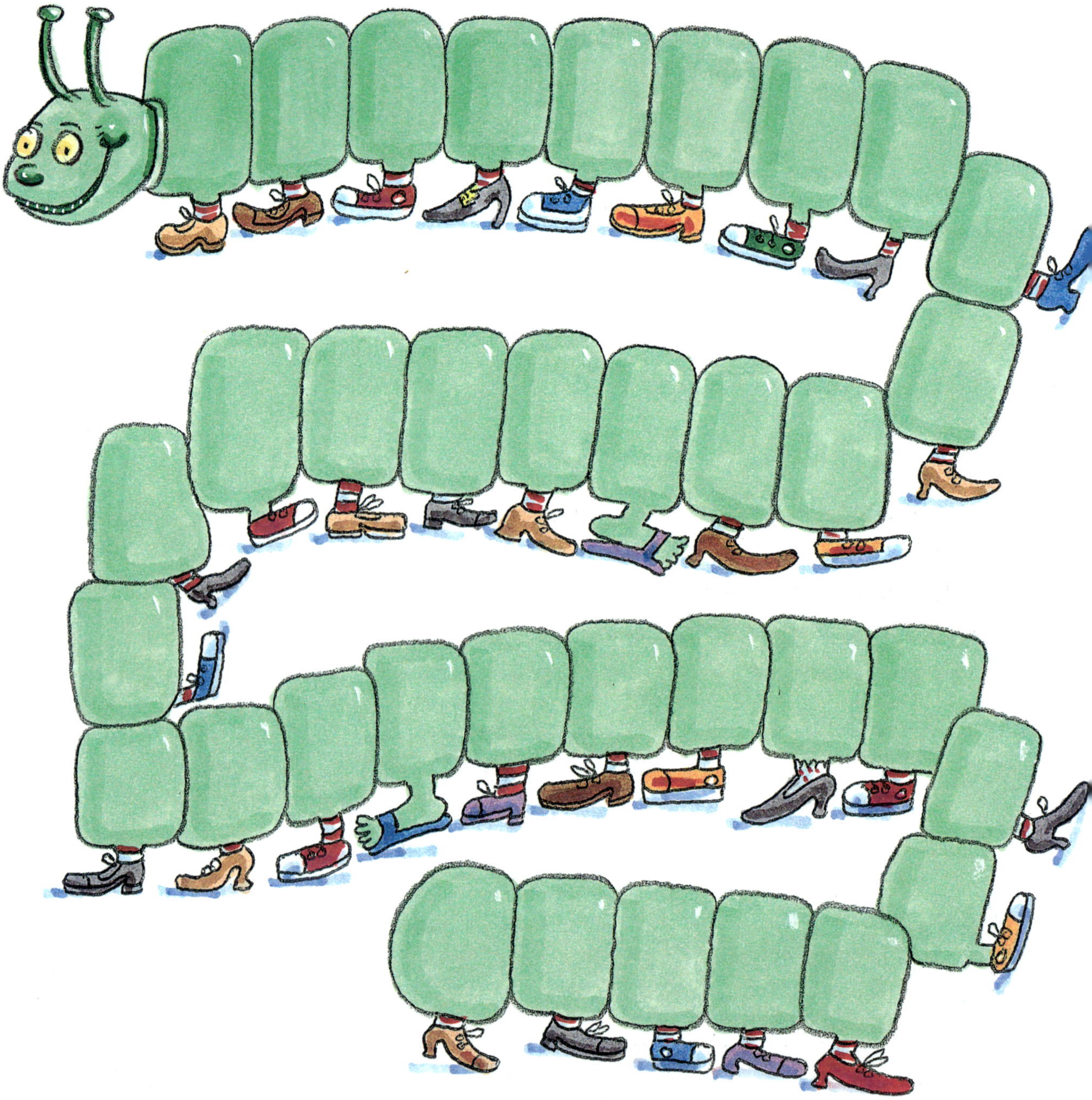

Ihr braucht: Zahlenkärtchen von 1 bis 9 und Spielfiguren.

Spielregel: Die Zahlenkarten liegen verdeckt. 3 Karten ziehen, z.B. 3 2 und 7.
Eine Divisionsaufgabe legen, z.B. 32 : 7 oder 23 : 7, Aufgabe ausrechnen und mit dem Rest auf dem Spielplan vorwärts ziehen.
Die Zahlenkarten wieder untermischen.

Sieger ist, wer zuerst das Ziel genau erreicht hat.

1	9	8	7	6
0	0	0	0	0
0	0	0	0	0
0	0	0	0	0
0	0	0	0	0
0	0	0	0	0
0				

3	2	3	0	0
0	0	4	0	0
0	0	5	0	0
0	0	6	0	0
4		7	0	0
0		8	0	0
0		9	0	0
0	1	0	0	0

	5	0	0	0
	6	0	0	0
	7	0	0	0
	8	0	0	0
	9	0	0	0
1	0	0	0	0
2	0	0	0	0
3	0	0	0	0

4	0	0	0	0
5	0	0	0	0
6	0	0	0	0
7	0	0	0	0
8	0	0	0	0
9	0	0	0	0

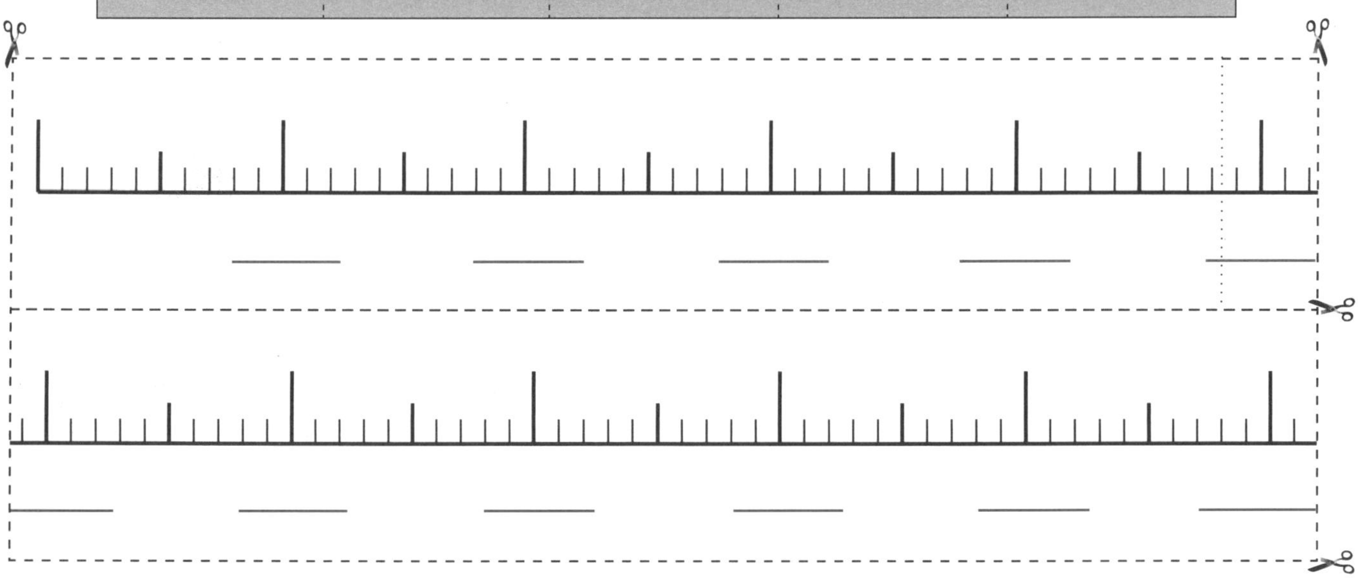

5	4	3	2	1
0	0	0	0	0
0	0	0	0	0
0	0	0	0	0
0	0	0	0	0
0	0	0	0	0
1	2	3	4	5
6	7	8	9	0

1	2	3	4	5
6	7	8	9	0
1	0	2	0	
3	0	4	0	
5	0	6	0	
7	0	8	0	
9	0	1	0	0
		2	0	0

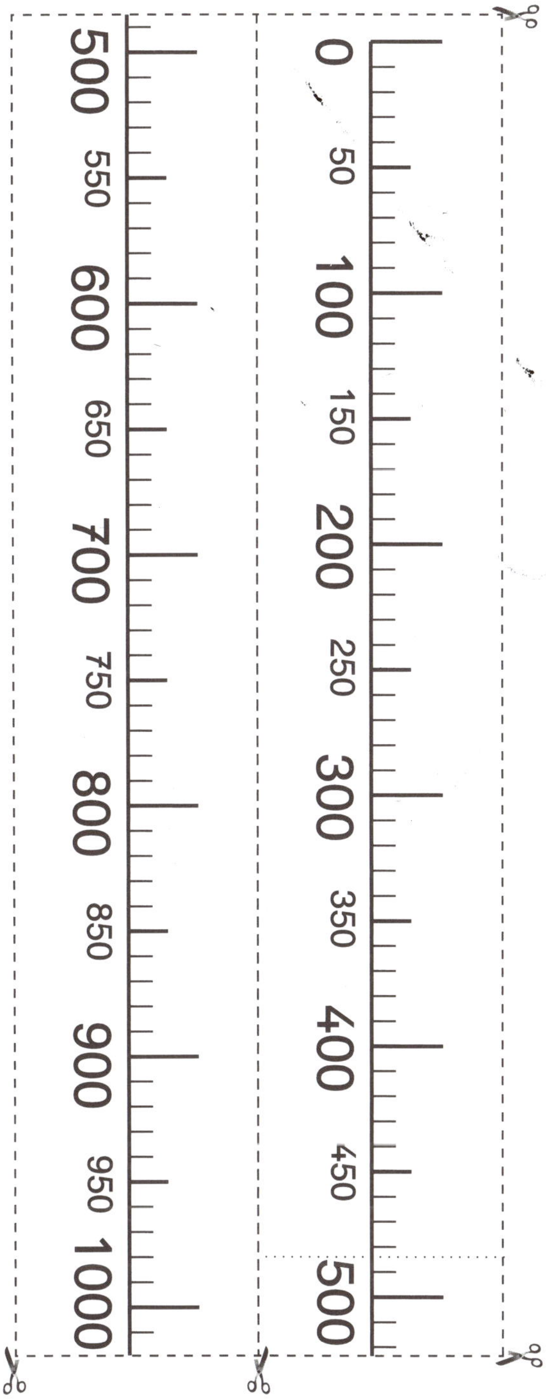

	3	0	0
	4	0	0
	5	0	0
	6	0	0
	7	0	0
	8	0	0
	9	0	0
1	0	0	0

1	2	3	4	5
6	7	8	9	0
1	0	2	0	
3	0	4	0	
5	0	6	0	
7	0	8	0	
9	0	1	0	0
		2	0	0

Tausender-Leporello

601	602	603	604	605	606	607	608	609	610
611	612	613	614	615	616	617	618	619	620
621	622	623	624	625	626	627	628	629	630
631	632	633	634	635	636	637	638	639	640
641	642	643	644	645	646	647	648	649	650
651	652	653	654	655	656	657	658	659	660
661	662	663	664	665	666	667	668	669	670
671	672	673	674	675	676	677	678	679	680
681	682	683	684	685	686	687	688	689	690
691	692	693	694	695	696	697	698	699	700

701	702	703	704	705	706	707	708	709	710
711	712	713	714	715	716	717	718	719	720
721	722	723	724	725	726	727	728	729	730
731	732	733	734	735	736	737	738	739	740
741	742	743	744	745	746	747	748	749	750
751	752	753	754	755	756	757	758	759	760
761	762	763	764	765	766	767	768	769	770
771	772	773	774	775	776	777	778	779	780
781	782	783	784	785	786	787	788	789	790
791	792	793	794	795	796	797	798	799	800

Klebelasche

801	802	803	804	805	806	807	808	809	810
811	812	813	814	815	816	817	818	819	820
821	822	823	824	825	826	827	828	829	830
831	832	833	834	835	836	837	838	839	840
841	842	843	844	845	846	847	848	849	850
851	852	853	854	855	856	857	858	859	860
861	862	863	864	865	866	867	868	869	870
871	872	873	874	875	876	877	878	879	880
881	882	883	884	885	886	887	888	889	890
891	892	893	894	895	896	897	898	899	900

901	902	903	904	905	906	907	908	909	910
911	912	913	914	915	916	917	918	919	920
921	922	923	924	925	926	927	928	929	930
931	932	933	934	935	936	937	938	939	940
941	942	943	944	945	946	947	948	949	950
951	952	953	954	955	956	957	958	959	960
961	962	963	964	965	966	967	968	969	970
971	972	973	974	975	976	977	978	979	980
981	982	983	984	985	986	987	988	989	990
991	992	993	994	995	996	997	998	999	1000

Tausender-Leporello

1	2	3	4	5	6	7	8	9	10
11	12	13	14	15	16	17	18	19	20
21	22	23	24	25	26	27	28	29	30
31	32	33	34	35	36	37	38	39	40
41	42	43	44	45	46	47	48	49	50
51	52	53	54	55	56	57	58	59	60
61	62	63	64	65	66	67	68	69	70
71	72	73	74	75	76	77	78	79	80
81	82	83	84	85	86	87	88	89	90
91	92	93	94	95	96	97	98	99	100

101	102	103	104	105	106	107	108	109	110
111	112	113	114	115	116	117	118	119	120
121	122	123	124	125	126	127	128	129	130
131	132	133	134	135	136	137	138	139	140
141	142	143	144	145	146	147	148	149	150
151	152	153	154	155	156	157	158	159	160
161	162	163	164	165	166	167	168	169	170
171	172	173	174	175	176	177	178	179	180
181	182	183	184	185	186	187	188	189	190
191	192	193	194	195	196	197	198	199	200

201	202	203	204	205	206	207	208	209	210
211	212	213	214	215	216	217	218	219	220
221	222	223	224	225	226	227	228	229	230
231	232	233	234	235	236	237	238	239	240
241	242	243	244	245	246	247	248	249	250
251	252	253	254	255	256	257	258	259	260
261	262	263	264	265	266	267	268	269	270
271	272	273	274	275	276	277	278	279	280
281	282	283	284	285	286	287	288	289	290
291	292	293	294	295	296	297	298	299	300

Klebelasche

301	302	303	304	305	306	307	308	309	310
311	312	313	314	315	316	317	318	319	320
321	322	323	324	325	326	327	328	329	330
331	332	333	334	335	336	337	338	339	340
341	342	343	344	345	346	347	348	349	350
351	352	353	354	355	356	357	358	359	360
361	362	363	364	365	366	367	368	369	370
371	372	373	374	375	376	377	378	379	380
381	382	383	384	385	386	387	388	389	390
391	392	393	394	395	396	397	398	399	400

401	402	403	404	405	406	407	408	409	410
411	412	413	414	415	416	417	418	419	420
421	422	423	424	425	426	427	428	429	430
431	432	433	434	435	436	437	438	439	440
441	442	443	444	445	446	447	448	449	450
451	452	453	454	455	456	457	458	459	460
461	462	463	464	465	466	467	468	469	470
471	472	473	474	475	476	477	478	479	480
481	482	483	484	485	486	487	488	489	490
491	492	493	494	495	496	497	498	499	500

501	502	503	504	505	506	507	508	509	510
511	512	513	514	515	516	517	518	519	520
521	522	523	524	525	526	527	528	529	530
531	532	533	534	535	536	537	538	539	540
541	542	543	544	545	546	547	548	549	550
551	552	553	554	555	556	557	558	559	560
561	562	563	564	565	566	567	568	569	570
571	572	573	574	575	576	577	578	579	580
581	582	583	584	585	586	587	588	589	590
591	592	593	594	595	596	597	598	599	600

Klebelasche